金山银山不如绿水青山

苗木移植　就是移植生命

珍惜苗木　就是珍惜生命

园林绿化 300 问

赵建林　刘银萍　芦迎辉　编著

黄河水利出版社

·郑　州·

图书在版编目(CIP)数据

园林绿化 300 问/赵建林,刘银萍,芦迎辉编著. —郑州:
黄河水利出版社,2018.9
ISBN 978 – 7 – 5509 – 2145 – 0

Ⅰ.①园…　Ⅱ.①赵…②刘…③芦…　Ⅲ.①园林 – 绿
化 – 问题解答　Ⅳ.①S731 – 44

中国版本图书馆 CIP 数据核字(2018)第 221165 号

出　版　社:黄河水利出版社
　　　　地址:河南省郑州市顺河路黄委会综合楼 14 层　　　邮政编码:450003
发行单位:黄河水利出版社
　　　　发行部电话:0371 – 66026940、66020550、66028024、66022620(传真)
　　　　E-mail:hhslcbs@ 126. com
承印单位:郑州印之星印务有限公司
开本:787 mm × 1 092 mm　1/16
印张:11
字数:190 千字　　　　　　　　　　　　　印数:1—2 000
版次:2018 年 9 月第 1 版　　　　　　　　印次:2018 年 9 月第 1 次印刷
定价:39.00 元

序

　　园林绿化是我国生态文明建设的重要组成部分,是城市建设发展、城镇面貌改善的基础环节。随着人们生活水平的不断提高,城镇居民越来越关注自己周围的空气质量和生存环境。人们在繁忙工作之余都愿意在花草树木环抱中享受一份清新,都向往园林式的生活环境。然而,一方面很多市民对植物品种认识较少,对养花种草和园林绿化的技术知识相对缺乏;另一方面城市园林绿化工作者的技术水平和管理技能还有待提高。为了满足广大市民植树种花、美化环境的知识需求,并给园林绿化工作者提供苗木培育和移栽技术参考,赵建林等园林爱好者,利用多年积累的园林技术知识和实践经验,编写了《园林绿化300问》一书。

　　本书共分十章,三百四十多个问题,每个问题都以问答形式展现给读者。主要内容包括园林术语、园林苗木培育技术、绿化工程技术、植物病虫害防治技术和园地管理技术等。编者对一些园林植物种植、移植技术和管理技术的阐述方面有独到见解和创新,与普通专业指导书的技术要点有一定区别,甚至相悖。本书突出行业特点,语言通俗易懂,图文并茂,可实践性、操作性极强,注重施工技能和实际效果,既是广大群众家庭养花种草和庭院绿化的必备书,也是园林绿化工作者的工具指导书,具有一定的阅读价值和珍藏价值。

韩德波

2015.11.16

前　言

　　建设生态文明，实现美丽中国，是党中央提出的绿色惠民政策，良好的生态环境是众望所归。城乡园林绿化工程建设是一项长期的重要任务，园林绿化施工技术是工程完成的基础。

　　本书突出园林绿化行业特点，内容涉及面广、针对性极强，注重施工技能与实效，是读者的良师益友，带着问题翻阅，从中找出答案，能够增长知识才干。对初学者来说是一部随学即用的快捷工具书，也是应届林业大专院校毕业生的必备指导书。能够满足自学（创业和就业）的欲望。还是与同行进一步交流探讨的平台。市面上有许多关于"苗木、花卉、果树"鉴赏识别的专业图书，但适合园林绿化技术人员、一线生产工人掌握实效操作技能的读本缺少。作者与同仁之所以把多年积累的苗木培育、移植、管理的成功经验汇集成册推向社会，是想为国家园林绿化事业尽微薄之力，这也是作者多年的夙愿。

　　本书由赵建林、刘银萍、芦迎辉编著，全书插图由赵建林手绘。该书在编写过程中得到程同信、段中和、黄永献、张华等同志的大力支持和帮助，在此深表感谢。

　　书中许多问题的认识与业内同志不一致，错漏之处在所难免，敬请读者批评指正。

作　者

2017 年 9 月

目 录

园林绿化300问

第一章

园林绿化绪论

001 园林绿化的发展从何而起？

我国园林兴起，是从商周时代开始的，最初形式为"囿"，距现在已有三千多年的历史。囿就是划定一定地域范围，让天然的草木、鸟兽类滋生繁殖。除部分人工挖池筑台造景外，大片的还是天然景象，供帝王、贵族们狩猎和游乐。到了秦汉时期，囿的单调游乐内容已满足不了当时封建王朝统治者、贵族阶层的需求，从而出现以宫室为主体的建筑。宫苑除有动物供狩猎或圈养观赏外，还有各类植物和建造的山水景观。秦始皇统一全国后，建造上林苑——阿房宫。汉朝在上林苑的基础上扩建宫馆、池山、圈兽观，形成了宫中有苑，苑中有宫，苑中有观，养殖禽、兽、鸟，并且种植绿地、水生植物。根据历史资料记载，上林苑栽植花草、树木种类多达二千余种。宫苑功能齐全，供帝王、贵族居住和游憩。唐、宋、元代，人们效法自然、高于自然、寓情于景、情景交融，富有诗情画意，是我国建造山水宫苑的鼎盛时代。后为明、清园林所继承，建造了北京的颐和园、河北承德的避暑山庄。特别是江南私家园林得到长足发展，例如：苏州的拙政园、留园，杭州的西湖、红栋山庄，上海的豫园，南京的瞻园等。中国的园林逐步形成北方园林、江南园林、岭南园林、少数民族地区园林风格。他们的具体做法是：因地制宜修建宫苑，挖池塘、堆假山，栽花种树。在建筑群中以水溪、景桥、长廊、亭台、曲径小路做连系，运用借景、对景、障景等含蓄曲折的组景手法，创造出富有自然情趣的园景，供人们居住和游赏。例如：电视剧《红楼梦》中的大观园。这些景观都是以曲折多变、移步异景为特点。在总体布局上以高低错落取胜，或以迂回曲折见长，千姿百态、各有特色，形成赏心悦目的园林景观。这些充分反映出古代人们造园艺术的杰出成就。

002 "囿"（yòu）如何解释？

囿指从天然地域中界定一块用地，在内挖池、筑台、修围墙，供帝王、贵族狩猎、游乐，是最古老朴素的园林形态。囿中草木、鸟兽自然滋生繁育。《诗经·大雅》中记述的周文王筑灵台就是囿的典型代表。秦汉以后囿都建于宫苑中。

003 "苑"（yuàn）如何解释？

苑指养禽、兽、鸟和种花、栽树的地方。旧时帝王、贵族、官僚等的后花园称"苑"。同时供文化、学术交流，艺人演出汇集的地方称"文苑、艺苑"。

004 "生态"如何解释？

"生态"指一切生物的生存状态，以及它们之间和它与环境之间环环相扣的关系。人们常用"生态"来定义许多美好的事物与梦想。自然界的"生态"追求是物种多样性，以此维护生态系统平衡发展。为弘扬生态文明，要大力提倡低碳理念，顺应生态潮流。

005 "环境"如何解释？

"环境"是周围一切危害人类生存和发展的各种自然及经过人工改造的自然因素的高度概括。环境质量的好坏直接关系到人类寿命的长短，环境恶化一般是人为因素造成的。应尊重自然客观实际，倡导人们爱绿、植绿、护绿，共同营造美好的新家园。

006 什么是园林？

为了维护和改变自然面貌，改善卫生和地域条件，在一定范围内根据地形地貌、因地制宜，兴建山水、道路、广场，以及亭、廊、台、榭、楼、阁等建筑设施，同时大面积栽植树木、花卉、草类的组合称"园林"，也包括各种公园、花园、动物园、植物园、游乐园、纪念性公园、风景名胜区等。园林通常是以人们游赏和休闲为主的公共场所。

007 什么是绿化（植被）？

绿化指植树造林，意在变赤地为绿洲。栽植苗木、花卉既能美化环境，又能保护环境。绿化具体内容有：整地改良土壤、铺设排灌设施和安装保护设施，栽植树木、花卉、草类，浇灌、施肥、除草、修剪、防治病虫害等。

008 什么是绿地？

绿地指栽植树木、花草形成的绿化地块，当然并非全部用地皆绿。一般绿化栽植占大部分的用地称"绿地"。绿地的含义比较广泛，各种公园、苗圃、花圃、植物园、森林等属于绿地。厂矿、机关、院校、居民区、街道、营区绿化，道路、河道两侧栽植的绿化带、城镇栽植的防护林带也属绿地。

009 城镇园林绿化概念是什么？

城镇园林绿化指在城镇居民区、街道栽植树木、花卉、草类形成绿地。在公园、动物园、植物园、广场、儿童活动场所、名胜古迹、风景游览区等,栽植树木、花卉以及道路两侧行道树,使整个城镇大地披上一层绿色外衣,它既包括各种公共绿地绿化,也包括机关、学校、工厂、医院、部队等单位内部绿化,还有河道、公路、铁路两旁绿化及城镇防护林带等。

010　城镇园林绿化的基本方针是什么?

按照建设资源节约型、环境友好型社会的要求,全面落实科学发展观,因地制宜、合理投入、生态优先、科学建绿,将节约的观念贯穿于城市园林绿化的规划、建设、管理全过程,促进国家节能减排战略目标的落实,引导和促进城市发展模式的转变,促进城市的可持续发展。

011　城镇园林绿化的目标是什么?

普遍绿化是城镇园林绿化的基础,也是园林绿化的重点。每个城镇都要结合当地的特点和条件,有计划地植树、种草,迅速扩大绿地面积,提高绿化覆盖率,做到"有山皆青、有河皆柳、有路皆荫、有房皆林、有土皆绿"。根据住建部与环保部联合发布的《全国城市生态保护与建设规划(2015~2020年)》,到2020年,城市规划区内水域、山地、绿地、湿地、林地等生态空间得到有效管控,生态用地占比合理增长,城市建成区绿地率达到38.9%,城市建成区绿化覆盖率达到43.0%,城市人均公园绿地面积达到14.6平方米,水体岸线自然化率不低于80%,受损弃置地生态与景观恢复率大于80%。

012　如何理解城镇园林绿化的含义?

城镇区域指一切可以植树、种草、栽花和栽植其他植被的地方,有计划地配植,达到"四季有花、四季有果、夏有荫、冬有绿""黄土不见天"的绿化效果。还可以理解为园林绿化是一个不断发展、不断提高的过程。城镇建设改造到哪里,绿化到哪里,使整个城镇处于园林绿化的环境之中。园林景观巧妙地结合地形和建筑景观,打造一个现代与传统相映、人文与自然相衬、城镇与农村相融、生态与产业相生的现代化城镇面貌。

013　为什么说"园林绿化是美化城镇的重要手段"?

城镇园林绿化建设要重视艺术,大力提高园艺水平。城镇园林绿化为城镇增添了绿量、色彩,发扬百花齐放、继承创新的精神,形成园林艺术新风格。因此,应努力发展和提高园林艺术品位及设计水平,对现有的园林绿化、名胜古迹和风景区加强养护管理。

014 园林绿化的作用表现在哪几个方面？

绿色是人类的命脉。园林绿化是城镇建设的一个重要组成部分,它同城镇人民的关系十分密切。人们的生活条件、人寿命的长短,同环境条件的好坏关系极大。通过植树、种花、栽草,改良土壤、改善水质、保证空气清新,创造良好的生态环境,提高全民的身体素质。园林绿化的作用从以下 9 个方面理解:

(1) 树木、花卉、草类有美化环境的作用。绿色是自然的色彩,是美化城镇的一个重要手段。一个城镇的美丽,除在规划设计、施工上善于利用城镇地形地貌、道路、河流,灵活巧妙地体现城镇美丽外,还要依据乔木、灌木、花卉、草类的不同形状、颜色、生理习性,打造成一年四季色彩丰富、层次分明的绿地,镶嵌在城镇工厂、居民区的建筑群中,使整个城镇更加绚丽多彩,为广大人民群众工作、学习、生活创造一个优美、清新、舒适的环境。

(2) 树木、花卉、草类有净化空气的作用。绿化对净化空气有独特的作用,它能吸滞烟尘、粉尘、灰尘,还能吸收有害气体并放出氧气。空气对人比粮食和水都重要,一个人几天不吃饭、不喝水可以忍耐,甚至五周不吃东西也尚能生存,而断绝空气仅五分钟就会死亡。根据有关资料数据,成年人每天呼吸空气二万多次,吸入的空气量达 15 ~ 20 立方米,重量约为每天所需食物、饮水量的数倍。因此,空气是否新鲜对人体健康影响极大。以下分为二个小问题:

① 树木、花卉、草类有吸收二氧化碳并放出氧气的作用。人们吸入的是氧气,呼出的是二氧化碳,虽是无毒气体,在空气中浓度超标时,也有害身体健康。根据有关资料数据,地球上 60% 以上的氧气是绿色植物提供的。一万平方米的阔叶林在生长季节每天可吸收 1 吨的二氧化碳,放出 0.73 吨氧气。按成年人计算每天呼吸需要消耗氧气 0.75 千克,每人有 10 平方米的树林或 25 平方米的草坪就能得到充足的氧气供应。也就是说,一亩林可供 66 个人、一亩草可供 27 个人呼吸的需要。一棵大树每年释放的氧气能够满足 10 个人一年的呼吸需求。

② 树木、花卉、草类有吸收有害气体的作用。工业生产过程中产生出有毒气体。例如:二氧化硫是冶炼企业产生的有害气体,苯、氨、氟化氢等是化工企业产生的剧毒气体。这些气体会使人们呼吸困难,当空气中有毒气体浓度超标,人就会中毒死亡。很多树木可以吸收有害气体,根据有关资料,一万平方米的柳杉林每月可以吸收二氧化硫 60 千克。椿树和夹竹桃吸收二氧化硫能力也极强。另外百日红、石榴、广玉兰、棕榈、银杏、松柏等树种有较强的抵

抗能力。抗氟化氢、氯化氢、汞、氨、臭氧等有害气体的树种有国槐、大叶女贞、泡桐、梧桐(又名青桐)、大叶黄杨、木槿、合欢、紫荆、紫藤、紫穗槐、榕树、火棘、石楠、海桐、油桐、银杏、香樟、栾树(又名灯笼树、摇钱树)、重阳木、三(五)角枫等。由此可见,城镇中的树木对净化空气有着极其重要的作用,这就是人们在树林茂密的地方感到空气特别新鲜的原因。

③ 树木、花卉、草类有吸滞烟尘、粉尘、灰尘的作用。空气中的灰尘和工厂里飞出的烟尘、粉尘是污染环境的有害物质。这些微尘颗粒重量虽轻,但在大气中的总重量却是惊人的,根据有关资料数据,许多工业城镇每平方千米每年降尘量 500 吨左右,煤炭集中的城镇每年降尘量达 1 000 吨左右。每燃烧 1 吨煤就要释放出 11 千克的粉尘。另外还有工业原料加工粉碎粉尘、矿产物、植物及动物性粉尘、灰尘,一些粉尘、灰尘带有病原菌,对人体危害极大。植树后能大量减少空气中的灰尘、粉尘。树木吸滞和过滤灰尘、粉尘的作用表现在两方面:一方面是树木枝叶茂密,具有强大的降低风速作用,随着风速的降低,气流中携带大粒粉尘、灰尘下降;另一方面是树木叶片表面粗糙不平多绒毛、分泌黏性油脂或汁液,能吸附空气中大量粉尘、灰尘。根据有关资料数据,一万平方米树林每年吸附滞留粉尘、灰尘达 50 ~ 70 吨,它是裸露土地的 75 倍。蒙尘的树木、草类经过雨水冲洗后,又能恢复滞尘的作用。树林叶面积的总和为树林占地面积的数千倍。空气中的飘尘浓度绿化地区比非绿化地区减少 40% ~ 50%。草坪也有很好的蒙尘作用,因为草坪植物的叶面积相当于草坪占地面积的数百倍。草坪绿地比空地上空含尘量减少 2/3 ~ 5/6。

(3)树木、花卉、草类有杀死细菌的作用。空气中散布着各种细菌,尤其是城市公共场所含菌量最高,植物可减少空气中的细菌数量。一方面是由于绿化地区空气中灰尘减少,从而减少了细菌量;另一方面植物本身有杀菌作用。例如:枸杞树(又名甜菜芽,根入药称地骨皮),树根浸水液能在 1 分钟内杀死痢疾杆菌。稠李树春芽 0.1 克捣碎,在 1 秒内杀死苍蝇。一万平方米的刺柏林每天能分泌出 30 千克杀菌素。有些苗木含挥发性油,有杀死细菌的作用。例如:丁香酚、天竺葵油、肉桂油、柠檬油。尤其是松树、柏树、樟树、桉树杀菌能力更强。根据有关资料数据,在市区的街道上,有树林的地方比没有树林的地方每立方米空气中的含菌量少 85% 以上,林区与城市空气中含菌率相差 10 万倍,公园与商场相差 4 000 倍。在人群拥挤的空气中细菌量每立方米 20 000 ~ 50 000 多个,公园公共绿地空气中细菌量每立方米 1 000 ~ 7 000 个,林区空气中的细菌量每立方米不到 100 个。所以,植树、栽花、种草能有效减少空气中的细菌数量,提供新鲜空气,保护广大人民群众身体健康。

（4）树木、花卉、草类有调节气候的作用，增加空气湿度，吸热、遮阴。以下分为两个小问题：

① 提高空气湿度。树木通过蒸发水分，提高空气的相对湿度。根据有关资料数据，树木在生长过程要形成1千克的干物质，需要蒸腾300～400千克水分。因为树木根部吸收的水分99.8%都要蒸发掉，只留下0.02%用作光合作用。所以，林区中空气的湿度比城市高38%，公园的空气湿度也比城市其他地方高27%。一万平方米阔叶林在夏季蒸腾量为2 500吨，相当于同等面积的水库蒸发量，比同等面积的土地蒸发量高20倍。一万平方米针叶林每月蒸腾量为43～50吨。一棵大树在夏季大约每天的蒸腾量为0.27吨。由于树林强大的蒸腾作用，使水汽增多、空气湿润，所以绿化地区空气湿度比非绿化地区空气湿度高10%～20%，给人们工作、生活上创造了凉爽舒适的气候环境。

② 调节气温。树木有吸热遮阴的作用，绿化地区的温度比建筑物地区温度低，这是因为树木减少阳光对地面的直射，能消耗许多热量。根据实地测试，在夏季绿化地温度比非绿化地温度低9～11摄氏度，比建筑物地区温度低15～17摄氏度，在树林或行道树下效果更为明显，为人们创造了防暑降温的良好环境。

（5）树木、花卉、草类有减弱噪声的功能。城镇人口集中、工厂林立、车辆频繁，各种机器响声嘈杂，建筑工地轰鸣，常使人们处于噪声的环境里。噪声到70分贝以上，人就不能持久工作，对身体有害。茂密的树林有吸收和隔挡噪声功能。根据有关测试资料，40米宽的林带可降低噪声10～15分贝。公园中成片的树林可降低噪声26～43分贝，绿化的街道比不绿化的街道可降低噪声8～10分贝。根据有关实验数据，爆炸3千克炸药的声音在空气中传播4千米，而在树林中只能传播400多米。这是由于树木对声音有散射作用，声波通过时枝叶摆动，使其减弱并逐渐消失。同时树叶表面的气孔和粗糙的毛，就像影剧院里的多孔纤维吸音板一样能把噪声吸收掉。

（6）树木、花卉、草类有监测环境的作用。它和周围的环境有着密切的联系。在环境污染的情况下，同样会在植物上表现出来，这种反应就是环境污染的"信号"。例如：雪松对有害气体就十分敏感，特别是春季长新梢时接触二氧化硫、氟化氢等气体，便会出现针叶发黄变枯的现象。对二氧化硫气体反应敏感的树种有苹果、油松、马尾松、枫杨（又名鬼柳、鸡娃树）、白杨、杜仲、月季等。对氟化氢气体反应敏感的树种有樱花、杏、梨、葡萄等。对臭氧气体反应敏感的树种有大叶女贞、香樟、丁香、牡丹、皂荚等。利用敏感植物监测环境污染简单易行。

（7）树木、花卉、草类有涵养水源、减少水土流失的作用。茂密的林冠能截留雨水,林下枯枝腐叶能缓冲雨水对地表的冲击,促进雨水渗透,减少和节制雨水地面径流。根据有关测算数据,一亩绿化林地比裸露地多蓄水 20 吨,能够有效地减少水土流失。如一次降雨量为 340 毫米,一亩绿化地流失土壤约为 4 千克,一亩草地流失土壤约为 6 千克,一亩农田流失土壤约为 240 千克,一亩裸地流失土壤约为 450 千克。另据资料估算显示,全国每年约有 50 多亿吨土壤流入江河湖海中去。

（8）树木、花卉、草类有防火、防震及有利于战备的作用。有许多树木、花卉、草类含油脂少、含水分多、不易燃烧。因此,在城镇楼房之间多栽植这类树种,可以起到阻挡火势蔓延的作用。较好的防火树种有三(五)角枫、枸骨(又名猫耳刺、老虎刺、圣诞树)、棕榈、蚊母、八角金盘、大叶女贞、海桐、珊瑚、法青、乌桕、法桐、银杏(又名白果树、公孙树、鸭脚子树)、香樟等,尤其珊瑚防火功能最为显著,它的叶片全部烧焦也不会产生火焰。荒山丘陵地适宜冬季防火的草类品种有高羊茅、羊胡子(又名星星草)、毛苕子(又名冬箭舌豌豆)、蜀葵等。树林较茂密的公园、广场还可以减轻因爆炸引起的震动而减少损失,同时也是地震避难的好场所。根据有关资料记载,1976 年 7 月 28 日唐山大地震证实,15 处公园绿地总面积四百多公顷,疏散居民 20 余万人。同时地震不会引起树木倒伏,可以利用树木搭建临时设施。绿化有利于战备,对军事设施、保密设施、重要建筑物可以起到隐蔽作用。较好的隐蔽树种有椿树、银杏、香樟、重阳木、楸树、广玉兰、桉树、杨树、枫杨、复叶槭、马褂木(又名鹅掌楸)、法桐、栾树等。

（9）树木、花卉、草类是重要的生态资源,又是不可替代的绿色财富,有增加经济效益的作用。树木可以提供工业原料和其他多种副产品。例如:核桃、橄榄、油茶、黄连木、文冠果、山茶、油桐等树的种子可以榨油;桉树、香樟、刺槐、丁香、瑞香、桂花、玫瑰等提取香精油;柿子、枣、梨、橘子、石榴、葡萄、苹果等提供酿酒、制作果酱及罐头原料。白杨、梧桐、桉树、火炬松等提供造纸原料;杞柳、紫穗槐、白蜡条、紫藤、竹类等可以编筐、以条代木供建筑使用;国槐、栾树、核桃、石榴等树提供染色原料;棕榈剥棕,剑麻取麻,栎树(又名青枫、毛栗子、橡树)烧炭,桑树、栎树养蚕,漆树割漆,橡胶树割胶,皂荚树皂荚代替肥皂及针刺入药(称"天丁"),无患子树(又名鬼见愁)果肉代替肥皂,杨树做纤维板,松树取树脂,桃树和杏树做黏合胶。绝大部分树木的根、茎、皮、叶、花、果、种子均可入药,例如:大叶女贞、木瓜、山茱萸、枸杞、银杏、杜仲、枳壳(又名枸桔)、桉树、国槐、龙血、桑树、辛夷等。另外可以积蓄大量木材,用于建造工厂、民房、船舶、桥梁、铁路枕木、矿山坑木、车辆、农具、家具等。凡一切可以栽植的地方都要大搞植树造林,要因地制宜搞好用材林、经济林、公益林、特种林、防护林,从而有效地涵养水源、保持水土,防风固沙、防洪,抵御各种自然灾害。

015 什么是园林绿化的特殊性?

园林绿化主要在城镇进行绿化建设,因此要结合城镇特点合理规划。除了发展生产,提供衣食住行、教育、文化、医保设施,满足人们社会生活的需要外,要因地制宜地搞好园林绿化,改善城镇的生态环境,使城镇人民能够呼吸到新鲜的空气,吃到营养丰富、美味可口的食品,喝到干净的水,有一个安静的学习、生活、工作环境。从以下 5 个方面了解园林绿化的特殊性:

(1)园林绿化群众性。园林绿化分布在城镇每个角落,它和每一个系统、每一个行业、每一个单位、每一个人都发生联系。开展全民义务植树,号召人人动手、年年植树,充分说明绿化有广泛的群众基础。育苗、移植、养护单靠专业队伍是搞不好的,必须动员和依靠广大人民群众才能完成。坚决杜绝少数单位满足于"植树节前动员一下,植树节时突击一下,植树节后总结一下"的表面形式。关键是通过"植树节"宣传教育唤起全民养成爱绿、植绿、护绿的意识。

(2)栽植苗木季节性。园林植物生长在自然环境中,根据不同栽植季节和各种苗木生理习性,在繁殖、移栽、管理上要采取多种技术措施,才能使苗木正常生长发育、开花结果。如果不能满足它的生长发育条件,就会影响它的正常生长甚至死亡。播种、扦插、嫁接、栽植、施肥、浇灌、修剪、防治病虫害等,都必须熟悉掌握苗木生理习性,做到适地、适树、适时栽植,提高苗木成活率。坚决杜绝"年年栽树不见林,岁岁插柳不见荫"的奇怪现象。

(3)栽植讲究科学性。园林植物生长发育受天气、病虫害、废水及有害气体等不利因素的影响,在生长发育上常常出现问题,因此应根据各种苗木对环境条件的不同要求及生理习性,采取宜湿的栽注地、宜干的栽高地、喜阳的就阳、喜阴的就阴、爱酸的给酸、爱碱的给碱,顺其自然生长习性栽植,提高成活率。改变突击栽树的陋习,坚决杜绝"梦想一日成林、一夜成景"的不科学做法。

(4)栽植苗木稳定性。树木不是短时间内就能培育成的,速生树也需八至十年,有的慢生树需十几年或几十年,甚至上百年。植树必须有相对的稳定性,这一点是非常重要的。千万不要灵机一动、心血来潮,今年种树明年栽花,今年栽这个品种,明年又换另一个树种,栽了拔、拔了栽,这样永远改变不了绿化面貌。

（5）培育苗木要讲究艺术性。园林绿化必须具有一定的观赏性和艺术性,培养树木要注意树姿树形,例如:水杉树干挺拔、树姿雄伟,雪松枝条舒展、叶丛秀丽,法桐枝叶茂盛、树冠丰满。此外,培育花灌木、多年生草本宿根花卉应加强艺术性效果。

016　何谓中国植树节?

根据有关文献资料记载,中华人民共和国成立后,植树节一度废止。1979年2月五届人大常委会第四次会议通过了国务院的提议,将3月12日定为我国植树节。这项决议的意义在于动员全国各族人民积极开展植树造林、绿化祖国活动,加快农业生产步伐。将孙中山先生长辞之日定为我国植树节,是为了缅怀孙中山先生的丰功伟绩,象征中山先生在生前未能实现的遗愿,将在新中国实现并做得更好。1981年五届人大常委会第六次会议通过了《关于开展全民义务植树运动的决议》。1990年3月12日邮电部又发行了一套四枚"绿化祖国"邮票,第一枚为"全民义务植树"。

017　创建森林城市的意义是什么?

创建森林城市指城市生态系统以森林植被为主体。城市生态建设是城乡一体化发展的重大举措。创建森林城市是坚持科学发展观、构建和谐社会、体现以人为本,全面推进我国城市走生产发展、生活富裕、生态良好发展道路的重要途径。加强城市生态建设、创造良好人居环境、弘扬城市绿色文明、提升城市品位,促进人与自然和谐。让森林走进城市、让城市拥抱森林,它是构建和谐城市的重要载体。

018　创建森林城市的理念是什么?

创建森林城市是实现人与自然和谐相处,保持近自然状态,实现城乡一体化统筹发展。做到林水相依、林村相依、林居相依、林路相依、林田相依、林山相依,展现浓郁鲜明的城市地方特色,形成"城在林中,林在产业中"的模式。

019　城镇园林绿地定额标准是多少?

根据有关资料数据,定额表示绿地配植标准和水平。为了改进城镇环境质量保持生态平衡,城乡建设环境保护部有关文件中规定:城乡新建区绿化用地应不低于总用地面积的 30%,旧城改建区绿化用地应不低于总用地面积的25%,一般城市的绿地率以 40%~60% 比较好。

020 如何计算城镇园林绿地总面积?

绿地总面积指公共绿地面积、专用绿地面积、县区绿地面积三者之和。

021 什么是绿化覆盖率?

绿化覆盖率指一个城镇或一个地区绿化(森林)面积占土地总面积的百分率,用以说明绿化资源的多少。

022 如何计算城镇绿化覆盖面积?

绿化覆盖面积指公共绿地、专用绿地内乔木、灌木和多年生草本宿根植物的覆盖面积,行道树树冠投影面积(乔木树冠下的灌木和草本植物不再计算)。

第二章

园林绿化工程常用术语

023　何谓古树名木？原生地何处？

　　古树指生长百年以上的老树；名木指具有社会影响、闻名于世的树，树龄也往往超过百年。古树名木是一个国家或地区悠久历史文化的象征，具有重要的人文和科学价值。它不但对研究本地区的历史文化、环境变迁、植物分布具有象征意义，也是乡村本土气息的文明标志，而且是一种独特的不可替代的风景资源，常被称为"活的文物"和"绿色古董"。根据有关文献记载，印度古榕树"独木成林"，远看犹如一片森林，占地面积约1.4万平方米（21亩），树冠直径约411米，有3 600个气生根，树龄250余年。海南省三亚市文昌村古榕树，胸径3.8米、高16米，树龄450余年。河北省宽县山村的脖罗桑树，胸径2米，树龄300余年。山西省黄帝陵侧柏树，胸径2米，树龄500余年。平顶

银杏

山市最古老的树叶县邓李乡庙李村银杏树，胸径2.6米，树龄3 000多年。郏县王集乡侯店村国槐树，胸径1.9米，树龄2 300多年。鲁山县四棵树乡文殊寺五株银杏树，胸径分别为1.8～2.3米，树龄2 600多年。平顶山市湛河区姚孟村由七株独立树体相互扭结一体的小叶朴树，地径2.4米、胸径1.9米，树龄400多年。

024　什么是"四旁"植树？

　　"四旁"植树指宅旁、村旁、水旁、路旁。

025　什么是"五面"绿化？

　　"五面"绿化指地面、水面、路面、墙面、屋顶面。楼房墙脚（基）散水面是不可忽视的绿化处，墙脚做散水坡是一种传统思维，应努力改变这种思维，将它做成绿化带墙裙或栽种攀附藤本植物吸附墙面向上生长，争取更多绿量美化环境。

026　城市绿化景观建设要做到哪"六化"？

　　六化指绿化、彩化、香化、净化、亮化、优化。

027　如何理解城市立体绿化？

立体绿化指在城市有限的土地上，提高绿化覆盖率，优化市区生态环境。必须做到乔木、灌木与绿篱、草坪相结合，攀附(爬)苗木与建筑设施(墙面、花架、围墙、护栏)相结合，地被草类与地面相结合，匍匐茎、丛生茎与路肩护坡堤坝相结合，水生植物与池塘河道溪流相结合，阴性树木与阳性苗木相结合，落叶树木与常绿苗木相结合，针叶树木与阔叶苗木相结合，观叶、观花树木与果类苗木相结合。

028　什么是园林绿化工程？

园林绿化工程有狭义和广义之分，狭义指栽植树木、花卉、草坪、水生植物、攀附植物，达到改善气候、净化空气、美化环境的功能，同时也包括整地、改良土壤、铺设排灌管道及围护设施等。广义指与造园同义，它包括广场、园路、湖塘、水溪、曲拱桥、护栏、花架、长廊、凉亭、水榭、楼阁、照明设施等项目的建造过程称"园林绿化工程"。园林绿化工程是生态环境与社会效益的高度统一，是一种绿意盎然的景观工程，是供人们游览休息的风景区。

029　什么是园林建筑工程？

园林建筑工程指主要在园林中建造成景，为游客们赏景的休闲建筑。例如：亭、廊、楼、榭、舫等园林设施，通常是结合地形、山石、湖池、溪流等，建成景点、景区，是最适合人们活动的空间，是自然景观的必要补充，使园林达到一定的审美要求和艺术氛围，这一实施过程称"园林建筑工程"。

030　什么是园林小品景观工程？

园林小品景观工程指园林建造中具有较强艺术性的工艺点缀品。具体施工项目分两大类：

（1）土建类。例如：假山、池塘、喷泉、壁墙、景墙、景门、牌坊、门洞，花窗、漏窗、栏杆、曲拱桥、汀步、蹬道、花池、花台、树池、座椅、桌凳、卫生设施等。

（2）雕塑类。例如：园雕、浮雕、透雕、线雕、镌刻。从材质上区分有木材、钢材、石材、石膏、水泥、黄泥、塑料等。从工艺上区分可分为人物、动物、仿生植物、抽象类等。

031　什么是屋顶绿化？施工应注意哪些事项？

如今绿色环保理念已被越来越多的广大民众所关注。应用领域已被拓展

到生活中的各个方面,屋顶建筑同绿色植物相结合称"屋顶绿化"。苗木花卉配植施工注意事项如下:

(1)必须在建筑物整体荷载允许范围内进行绿化施工。

(2)屋顶应具有良好的浇灌水、防水、排水系统,不得导致屋顶漏水、渗水。

(3)种植土采用轻质栽培基质。应选择疏松、透气、吸水性强的蛭石、珍珠岩、草炭土、腐殖土、菌类废料、锯末、稻麦糠、壤土混合做种植土。

(4)栽植品种应选择适应性强、抗旱、耐瘠薄、喜阳、抗风不倒伏的常绿及落叶低矮花灌木、地被多年生草本宿根植物。常绿低矮花灌木品种,例如:八角金盘、栀子、蚊母、夹竹桃、北海道黄杨、法青、四季桂、茶梅、扶芳藤、火棘、枸骨、龟甲冬青、黄杨、小叶女贞、红叶石楠、海桐、金森女贞、十大功劳等。落叶低矮花灌木品种,例如:紫薇、日本海棠、红王子锦带、红叶碧桃、紫叶矮樱、红瑞木等。地被多年生草本宿根植物品种,例如:草莓、萱草、红花草、白三

红王子锦带

叶、过路黄、紫叶酢浆草、沿街草、吉祥草、鸢尾、芍药、细叶结缕草、堆心菊、旱金莲、天竺葵、三色堇、秋海棠等。

032 什么是园林小路?铺砌按材料分哪几种?

园林小路指引导游览、观景、休闲的支路,多为曲折蜿蜒、林下径路。按材料分有青砖路面、黑瓦路面、红砖路面、石材路面(步汀、蹬道)、卵石路面、广场砖路面、彩砖路面(异形砖)、荷兰砖(渗水砖)路面、混凝土块路面(异形块)、现浇混疑土路面、沥青路面、砂石路面、嵌草砖路(地)面等。

033 什么是花池?

花池指栽植花卉的种植槽,高者为台,低者为池。花池是用建筑材料砌筑而成的,是组景不可缺少的手段之一,它既起到点缀作用,又能增添园林生气。花池随地形、位置、环境的不同而多种多样。有单个花池,也有组合花池,也可以做成狭长形花池,也有的把花池与栏杆、踏步、休息平台组合在一起,还有的

将花池与休息座椅结合起来,最大化地扩大绿化面积,创造舒适的工作、生活、休闲环境。

034 何谓花坛?有哪些基本类型?

花坛是把花期相同的多种花卉、不同颜色的同种花卉栽植在一定轮廓的范围内,组成各种图案的配植方法。花坛类型有盛花花坛——花丛式栽植、模纹花坛——浮雕式栽植、图案花坛——图形式栽植、标语花坛——文字式栽植等。

035 何谓花海?适宜的花灌木、果树、草类花卉品种有哪些?

人们常用"海阔天空、漫无边际"比喻地域广阔。大面积种植四季花卉(果),花色艳丽壮观称"花海"。应选择弥补冬季无花(果)期品种为主,时令花卉(果)为辅,使赏游淡季变旺季。具体实施办法:首先按区域自然现状规划单品种大面积种植。品种分类布局,彩叶树种有美国红栌、金钱榆、日本红枫、黄金槐、紫叶矮樱、三(五)角枫等。冬季挂果的树种有枸桔、柿树、木瓜、海棠、火棘、法青、南天竹、北海道黄杨、卫矛、枸骨等。冬季开花的树种有望春玉兰、蜡梅、茶梅等,春、夏、秋开花的树种有香花槐、紫荆、紫薇、月季、红花木槿、牡丹石榴、锦带花、红杞木等。二年生草类花卉品种有三色菊、异果菊、风铃草、金盏菊、翠菊、泡菊、虞美人等,多年生草类宿根花卉品种有矮状美人蕉、矮状大丽花、芍药、蜀葵、唐菖蒲、萱草、香草、黑心菊、堆心菊、大滨菊、郁金香、火炬花、晚香玉、荷苞牡丹、贝母兰、长距风兰、卡特兰等。

036 园林植物是如何分类的?

园林植物种类繁多,人们根据植物的花、果、叶、茎等外部形态和内部组织结构及细胞染色体进行归类。植物分类最基本单位是"种",最高单位是"界"。把具有相近亲缘关系及某些共同特征集合为"属",相近的属集合为"科"。根据有关资料,园林植物在世界资源上有113科、523属、30多万种。木兰科分布我国的约有11属100余种,常见品种有白黄紫玉兰、辛夷(又名望春玉兰)、马褂木、含笑等。樟科分布我国的约有20属1 000余种,常见品种有香樟、月桂、香叶、山胡椒等。蔷薇科分布我国的约有47属800余种,常见品种有月季、樱花、棠棣、苹果、枇杷等。棕榈科分布我国的约有16属60余种,常见品种有棕榈、蒲葵、棕竹、槟榔、鱼尾葵等。菊科分布我国的约有230属2 300余种,常见品种有菊花、瓜叶菊、百日草、孔雀草、向日葵、金盏菊、翠菊、黑心菊、八月菊等。

037　什么是乔木？品种有哪些？

具有明显主干、树体高大的树木称"乔木"。按树体高大程度又可分为伟乔（30 米以上）、大乔（20～30 米）、中乔（10～20 米）、小乔（6～10 米）。例如：银杏、法桐、雪松、水杉、广玉兰、桉树、三（五）角枫、马褂木、枫杨、楸树等。

马褂木

038　何谓灌木？品种有哪些？

没有明显主干，矮小而<u>丛生</u>的树木称"灌木"。例如：木槿、紫荆、紫穗槐、丛生白蜡、红瑞木、枸骨、火棘、海桐、扶芳藤、黄杨、蚊母、红檵木、探春、桅子、紫叶风箱果、木芙蓉、八角金盘、连翘、迎春、探春、珊瑚等。

039　什么是阔叶树？品种有哪些？

叶片宽大柄长的树木称阔叶树。例如：泡桐树叶长 51 厘米、宽 48 厘米、柄长 41 厘米。棕榈树叶长 90 厘米、宽 104 厘米、柄长 69 厘米。叶片形状有近圆形、心形、卵形、椭圆形、倒卵形、掌形、扇形等。例如：法桐、橡皮树、无花果、大叶紫荆、红叶杨、枇杷、广玉兰、辛夷、柿树、核桃、枸树、马褂木、七叶树、蒲葵、葡萄、楸树、油桐、椰子、桑树、栎树、梧桐（又名青桐）等。

泡桐

040　什么是针叶树？品种有哪些？

叶形细小、针长的树木称针叶树。例如：油松针长 22 厘米，黑松针长 18 厘米。叶片形状有条形、羽形、线形、针形、披针形、簇针形等。例如：红豆杉、粗榧、刺杉、水杉、云杉、罗汉松、翠兰松、五针松、雪松、白皮松、火炬松、刺葵、铁树、凤尾柏（又名铺地柏）、地柏、刺柏、龙柏等。

雪松

041　何谓果树？品种有哪些？

果树指可供食用的果实、种子及承接芽或枝的砧木的总称。例如：柿树、梨树、杏树、山楂、石榴、枣树、橘子、枇杷、苹果、葡萄、香蕉、桃树、板栗、核桃、樱桃、海棠、无花果、果桑等。

042　什么是丛生竹？生长习性是什么？

丛生竹指株距间隙小、结构紧凑的竹子，具有很强的观赏价值。竹子生长习性喜温暖、湿润，喜阳，耐半阴，耐寒，不抗旱，常在避风处生长。极易发生蒸腾量过度造成生理干旱，对生长极为不利。竹子适宜疏松、深厚、肥沃的土壤生长。繁殖方法：分株。

043　什么是观赏竹？品种有哪些？

观赏竹干茎挺拔、枝叶翠绿、姿势优美、形色俱全、品种多样，观赏价值极高。它栽植庭院、山石旁、池塘、小溪旁，无论孤植、丛植、片植，都别有情趣。观赏竹品种有黄金竹（又名湘妃竹）、紫竹（又名墨竹）、佛肚竹（又名佛竹）、慈竹（又名窝竹）、箸竹（又名看竹）、青竹、凤尾竹等。

紫竹

044　什么是花卉？

花卉一词见于古代《南史》，书中写道"聚石移果，杂以花卉"，花卉是草的总称，多指以观花为主、花朵鲜艳美丽的草本、木本花卉。除观花外，根、茎、枝、叶、果等也具有较高的观赏价值，也包括开花的乔木、灌木及工艺盆景、桩景等。

045　什么是木本花卉？品种有哪些？

木本花卉指具有木质化、多年生观赏花卉。一般是观叶、观花、观果、观茎、观枝的芳香植物，包括乔木、灌木、地被植物和盆栽植物，例如：紫黄白玉兰、广玉兰、合欢、辛夷等；花灌木，例如：红叶桃、榆叶梅、海棠、木瓜、桂花、含笑、紫叶梨、紫叶矮樱、日

玉兰

本樱花、海桐、红檵木、枸骨、火棘、扶芳藤、紫叶早樱、紫薇、月季、丰花月季、茶梅、杜娟、夹竹桃、丁香、碧桃、长春花等。藤本植物,例如:紫藤、凌霄、地锦、兰花、鸡蛋果等。

046 何谓一年生草本花卉? 品种有哪些?

一年生草本花卉指春季播种不能越冬的草本花卉(又名春播花卉)。不耐寒,遇霜冻枯死。例如:一串红、百日草、孔雀草、八月菊、凤仙花(又名小桃红、指甲花)、波斯菊、雁来红、黑种草、鸡冠花等。

一串红

047 何谓二年生草本花卉? 品种有哪些?

二年生草本花卉指耐寒力强,不加防寒保护措施即可安全越冬的草本花卉。二年生草本花卉要秋季播种。在寒冬短日照气候条件下,形成强健的营养器官,长成壮苗次年春天开花。例如:羽叶甘兰、月见草、金盏菊、爪叶菊、牵牛花、虞美人、翠菊、三色菊等。

048 何谓多年生草本宿根花卉? 特点是什么?

金盏菊

通常把多年生草本宿根(球茎类)花卉分为露地宿根花卉、温室宿根花卉两大类。前者指植株地上部分生长、开花、结果、枯萎后,地下部分形成的发达根系可露地越冬,下年再次萌发、生长、开花、结果的花卉;后者指地下宿根不能在露地越冬,通常需在温室或能保持一定温度、湿度的地方越冬。特点如下:

(1)多年生草本宿根花卉管理粗放,冬季地上部分枯死、地下部分仍然活着,次年春季自然长出,减少播种、育苗的烦琐过程。而且原有的根系发达,幼苗出土后苗壮,管理上省工省时。例如:矮状大丽花、矮状美人蕉、芍药、唐菖蒲、鸢尾、小丽花、萱草、菊花、二月兰、薰衣草(又名香草)、火炬花、黑心菊等。

(2)多年生草本宿根花卉用途广,宿根花卉品种繁多。在绿化上品种不亚于花灌木,花色、花期、高矮等也有很大的选择余地。所以,在景观上常用宿根花卉,使园景变得十分艳丽。宿根花卉大部分当年可以开花,最晚可等到次年。宿根类花期可以控制,时间上见效快,而且移植易成活,远远胜过木本花卉。例如:红花酢浆草、紫叶酢浆草、蜀葵(又名麻杆花)、晚香玉、朱顶红、玉簪、风信子、小苍兰、文殊兰、仙客来、紫苏、番红花、虎斑花、鹤望兰、火焰花、蜘蛛兰、万年青、郁金香、虎皮兰、药百合、吊兰、水塔花、回欢草、夜光花等。

朱顶红

049 草本花卉、灌木栽植的形式有几种?

园林绿化中草本花卉的栽植形式有花坛、花带、花丛、花池(台)、花盆(钵)、文字板面等。

(1)利用多年生草本宿根花卉的丰富色彩,将它们配植成几何形状,构成图案的栽植形式称"花坛"。

(2)栽植多年生草本宿根花卉,构成波浪形、梯形、彩带形、矩形、菱形的栽植形式称"花带"。

(3)花丛由3~5株多年生草本宿根花卉甚至更多株为一束,自然式孤植、丛植、片植,构成回归自然的野趣称"花丛"。

(4)将多品种或单品种多年生草本宿根花卉栽植池内,按时令开花称"花池",既起到点缀作用,也增添园林绿化气氛。

(5)将一年生草本单品种花卉栽植盆(钵)内。最大优点是灵活性大、更换品种快,适宜装点各种场景,美化社会环境,深受大众喜爱。

(6)文字板面用角铁做成倾斜大框架,金属网做底板,用秸秆泥为培养土做苗床,扦插紫叶草、绿叶草、彩叶草、鸭趾草、紫露草、吊竹梅草组成瞩目的彩色文字板面。例如"庆祝国庆""国富民强""与时俱进""振兴中华"等字样,用菊花组培的二龙戏珠,五色草、八月菊组培的凤凰展翅,盆花组培的彩色圆柱、墙面,给人们耳目一新的感觉,又增添了节日气氛。

(7)利用彩叶常绿耐修剪的花灌木:刺柏、龙柏、小叶女贞、枸骨、北海道黄杨、金边冬青(卫矛)、金森女贞、火棘、红叶石楠等树种,栽种在迎面山坡、丘陵斜坡、水库大坝护坡、河道护堤坡面、铁路护坡、公路护坡上,构成巨幅"宣传标语"字样,例如:保护生态就是保护家园、建设生态文明就是兴林富民、植树造林就是造福后代、金山银山不如绿水青山等口号,既美化了环境,又增加了绿量。它既鼓舞广大民众植树造林的士气,又增加了大家的生态环境保护意识。

050 什么是攀附(缘)植物? 品种有哪些?

攀附植物指茎干柔软,不能自行直立生长,需攀附或顺沿建筑形体的变化,靠自身的特殊器官茎蔓(吸盘、气生根、卷须、钩刺)生长的植物。例如:紫藤(又名葛藤、葛条、葛花)、凌霄、小叶扶芳藤、常春藤、南蛇藤、蝙蝠藤、金银花、地锦(又名爬墙虎)、爬壁藤、葡萄、乌蔹莓、茑萝、龟背竹、癞瓜(又名苦瓜)、葫芦、砍瓜、金丝瓜(又名搅瓜)、莴瓜、丝瓜、栝楼、绿萝、牵牛、落葵(又名木耳菜、猪耳朵菜)、炮仗花、海金砂(又名铁线藤)、吊金钱、鸡蛋果、猕猴桃、何首乌、罗汉果、藤本月季等。

051 攀附(缘)植物如何分类? 它的特点是什么?

紫藤

(1)卷须类指茎叶的变态生长形成卷须,卷绕在其他物体上延伸生长。例如:葡萄、栝楼、癞瓜、牵牛、葫芦、鸡蛋果、罗汉果、炮仗花、丝瓜、砍瓜、金丝瓜、莴瓜等。

(2)缠绕类指茎蔓缠绕在其他物体上向高处延伸生长。例如:金银花、何首乌、南蛇藤、紫藤、乌蔹莓、落葵、牵牛、茑萝、绿萝、海金砂、猕猴桃等。

(3)攀附类指茎蔓变态生长形成气生根、吸盘攀附在其他物体上延伸生长。例如:蝙蝠藤、龟背竹、常青藤、小叶扶芳藤、地锦、凌霄、爬壁藤等。

攀附植物的特点指茎蔓攀附于建筑物,随物体的形态而变化生长。不占地或少占地,凡是地面空间狭小,不能栽植乔木灌木的地方都可以栽植攀附植物。它本身不能直立生长,所以又称"悬挂植物"。要有依附才能延伸生长,攀附性极强,吸附砖墙、水泥墙、瓷砖墙、玻璃幕墙、棚架、护栏、大乔木、裸山体、护坡、悬崖、陡壁、高架桥下等,在没有支撑物的情况下,只能匍匐或垂挂伸展生长。它繁殖容易、生长迅速,抗病虫害能力极强,养护管理粗放,是城镇立体绿化首选植物。

052 什么是地被植物？品种有哪些？

地被植物指覆盖地面的低矮植物。它具备植株低矮、枝叶稠密、茎蔓匍匐生长、节间着地生根、根茎发达、生长茂盛、侵占性强、分蘖能力极强、繁殖迅速等特点。最大优点是固土护坡、自我保墒能力强，常见品种有常春藤、小叶扶芳藤、地被月季、地瑾、过路黄、福禄考、虎耳草、麦冬、吉祥草、黑麦草、高羊茅、红花酢浆草、结缕草、天鹅绒、马蹄筋、白三叶、蒲公英、草莓、生地、萱草、鸢尾、石莲花、金鱼草、雏菊等。

053 什么是水生植物？品种有哪些？

水生植物指茎、叶、花、果浮于水面，地下根茎入泥土。例如：荷花（又名水芙蓉），是我国十大名花之一。常见品种有：四季开花—香水莲、睡莲、碗莲、王莲、马蹄莲、凤眼莲、红花莲、冬荷、莼菜、芡实、金鱼藻、菱角、浮萍、芦苇、芦竹、旱伞草、水葱、水生美人蕉、千屈菜、梭鱼草、香蒲、黄菖蒲、鹤望兰、吉祥草、水仙花、茨菰等。

睡莲

054 苗木、花卉栽植最低土层厚度是多少？

栽植草坪土层厚 30 厘米，草本花卉土层厚 35 厘米，地被花灌木土层厚 45 厘米，球类丛状花灌木土层厚 60 厘米，浅根乔木土层厚 90 厘米，深根乔木土层厚 150 厘米。

055 何谓苗木栽植？

苗木栽植包括"挖苗、搬运、栽植"三个基本环节。挖苗指将苗木从土壤中连根起出。搬运指将苗木用交通工具运至栽植地点。栽植指将被运来的苗木按要求栽植新地。

056 何谓苗木丛植？

苗木丛植指将数株苗木栽植在一起，通过品种及高矮的搭配，形成富于变化的造形。苗木配植要做到乔木与灌木相结合，常绿树与落叶树相结合，针叶树与阔叶树相结合,花灌木与果树相结合,不同彩叶品种相结合。

057　什么是苗木定植?

苗木定植指按苗圃管理者预计成品苗木出售规格、树冠大小确定栽植的株距、行距。

058　何谓苗木地颈、地径?

苗木地颈(又名地迹),指树干与地表面相交处。地径指地表面向上10厘米高处的树干直径。

059　什么是苗木干径、胸径?

苗木干径指在地表面向上30厘米高处的树干直径。胸径指距地表面向上120厘米高处的树干直径。

060　什么是苗木干高?

干高指苗木从地表面向上至分枝点的高度。

061　什么是苗木定干高度?

定干高度指乔木、灌木从地表面至树冠分枝处截、砍、剪的高度,即第一分枝点高度。

062　什么是株(棵、树)高、灌丛高、绿篱高?

株高是从地表面至树顶端的高度。灌丛高是从地表面至灌木顶端的高度。绿篱高是从地表面至绿篱顶端的高度。

063　什么是苗木蓬径、冠幅(冠径)?

蓬径指灌丛形状满外直径。冠幅指苗木分枝开叉形状满外高度及宽度。

064　什么是苗木栽植株距、行距?

苗木栽植株距指同行相邻两株的距离。行距指相邻两行的距离。株距、行距均为相邻两树坑的中心距离。

065　什么是苗木根系?如何分类?

一棵苗木有非常多的根,这些根总体称"根系"。根又分为直根系和侧根系及须根系。根据根系在土壤中分布情况,又分为浅根系和深根系。种子萌芽时,由胚根冲破种皮发育的叫"主生根",俗称"扎地橛根"。主生根上的杈称"侧根",侧根上的杈称"二级根",再依次是三级根。根系长度是原生树冠的 3~4 倍,这些主生根、侧根、二级根、三级根上长满毛细根,俗称"须根"。根通过毛细根吸收水分、营养。毛细根纤细又柔软,每一根毛细根都是一台微型的抽水泵,它们不停地吸收周围土壤的水分和营养物质,苗木花卉才能健壮生长发育。

066 什么是绿篱?适应品种有哪些?不同绿篱修剪高度是多少?

绿篱指灌木或小乔木,以较密集而相等的株距、行距,栽植单双行或多行结构规则的林带,常见品种有海桐、黄杨、卫茅、小叶女贞、石楠、北海道黄杨、大叶女贞、法青、金叶女贞、龙柏、刺柏、火棘、枸骨、金森女贞、箬竹等。按其修剪高度不同划分,高度在 160 厘米以上称"绿墙",高度在 120 厘米以上称"高绿篱",高度在 50 厘米以上称"绿篱",高度在 50 厘米以下称"矮绿篱"。

067 何谓花灌木栽植色块(图案)、色带(景观带)片植,品种有哪些?

栽植色块、色带、片植指在划定地块(域),将同种或不同种花灌木及观叶苗木合理配植,构成片、块、长距离宽带,经过修剪整形,具有一定规模和观赏价值。常见品种有金森女贞、海桐、翠兰松、龙柏、铺地柏、红叶石楠、南天竹、紫叶风箱果、紫叶早櫱、红瑞木、小叶女贞、金叶女贞等。

068 何谓苗木生理习性,指哪几个方面?

苗木生长在某一个环境里,受特定的生态条件作用,并通过苗木体内的新陈代谢,形成对该特定环境的需要,这就叫"苗木的生理习性"。在栽植苗木时要选择各自适宜的不同环境。苗木在环境的作用下,在形态结构、生长发育等方面都会发生相应的变化,从而对环境产生多种多样的适应性。从以下五个方面理解苗木生理习性:

(1)气候方面,指光照、温度、空气、降雨(雪)量等。

(2)土壤方面,指土壤质地、酸碱度、水分、营养成分等。

(3)生物方面,指土壤中的动物、植物及微生物等。

(4)地理方面,指地理位置、地势高低、起伏状况、地质历史条件等。

(5)人为方面,指采伐、开垦、栽植等人为活动。

不同苗木有不同的生理习性,例如:柳树喜阳不耐阴,抗涝不耐旱,喜碱不耐酸,耐高温不抗寒。雪松喜阳不喜阴,抗旱忌涝,适应中性土壤,抗寒耐高温,对有害气体抗性差。

069　什么是苗木的蒸腾作用?

蒸腾作用指苗木体内的水分以气体状态,通过树体表面(主要是叶片)蒸发到体外的复杂生理现象。当蒸腾作用和根系吸收水分速度保持平衡时,苗木枝叶挺拔,长势旺盛。若是根系吸收水量不足,但是蒸腾作用旺盛,这种失衡破坏苗木生长发育,最终使苗木萎蔫死亡。

070　什么是苗木的光合作用?

光合作用指苗木体内的叶绿体利用太阳光能,把吸收来的二氧化碳、水分、营养转化成富于能量的有机碳水化合物(葡萄糖),保证苗木正常生长发育,并放出氧气的全过程。光合作用是绿色植物转化太阳能的独特生理功能。有了阳光才能进行光合作用,才能合成苗木生长所需要的营养物质。

071　什么是苗木适时栽植?

苗木栽植"不是栽数而是栽树",坚决杜绝"栽来栽去老地方"的现象重复发生。必须了解苗木品种、生理习性、栽植季节,根据要求进行合理栽植。落叶苗木的栽植时间以落叶后至次年春季发芽前这段时间最为适宜,这时苗木进入半休眠状态,新陈代谢缓慢,对水分、营养、光照等要求很低,容易成活。实践证明,落叶苗木以秋末冬初栽植为最好,秋末是根系生长高峰期,为春季生长储备足够营养继续生长,不存在缓

栾树

苗期。不同的品种栽植时间不同,因此栽树要分期分批有计划地进行,决不可强求一律。按具体栽植时间划分,10月下旬至次年3月下旬栽植品种有栾树、稠李、红叶李、马褂木、水杉、法桐、银杏、三(五)角枫、梧桐、白蜡、合欢、枫杨、柳树、梨树、桃树、蜡梅、凌霄等;4月上中旬栽植品种有核桃树、柿树、枣树、楝树、椿树、国槐、刺槐、铁篱寨、花椒、枳壳、棠梨等;3月上旬至12月上旬栽植常绿品种有法青、石楠、桂花、枇杷、香樟、雪松、广玉兰、棕榈、大叶女贞、

蚊母、桤子、罗汉松、黄杨、云杉、火炬松、含笑、黑松、白皮松、油松等。

072　什么是苗木适地、适树栽植？如何选择品种？

除掌握苗木生理习性外，还应了解当地自然条件和环境状况，例如：温度、光照、雨量、地形、土质、风速以及工业生产、交通运输、通信、电力设施等状况。

喜阳的苗木品种有合欢、木槿、火棘、国槐、龙柏、银杏、石榴、凌霄、夹竹桃、楸树、紫荆、栾树、海棠、广玉兰等。

喜阴的苗木品种有大叶女贞、珍珠梅、黄杨、棕榈、枸骨、蚊母、海桐、粗榧、五针松、龙柏、十大功劳、石楠、北海道黄杨、法青等。

喜碱性土壤的苗木品种有大叶女贞、泡桐、柽柳、杨树、刺槐、国槐、侧柏、乌桕、楝树、臭椿、榆树、枣树、栾树、枸杞、白蜡等。

喜酸性土壤的苗木品种有油桐、枸骨、栀子、杜鹃、山茶花、红檵木、金钱松、紫穗槐等。

海棠

抗旱的苗木品种有雪松、龙柏、国槐、刺槐、江南槐、三(五)角枫、梧桐、刺杉、云杉、木瓜、栾树、椿树、黑松、火炬松、海桐、合欢、枸杞、蜡梅、侧柏、楸树、石楠、紫荆、珍珠梅、黄栌(又名红叶树)、泡桐、丁香、山楂、迎春、地槿、金银花、紫藤等。

耐涝的苗木品种有柳树、杨树、水杉、枫杨、柽柳、法桐、紫薇、大叶女贞、黄杨、乌桕(又名蜡子树)等。

忌涝的苗木品种有刺槐、蜡梅、桃树、雪松、侧柏、黑松、火炬松、合欢、梧桐、马褂木、香樟、枇杷、蚊母、泡桐、紫荆、迎春、栾树、黄栌、石楠、黄连木(又名楷树)、紫红黄白玉兰、枣树、大叶含笑、广玉兰、银杏、椿树、海棠等。

根据不同的立地条件和苗木的"脾气"来选择品种，才能使苗木成活长得好。栽植行道树要求树冠开展、遮阴效果好的乔木品种，例如：法桐、杨树、栾树、辛夷、广玉兰、香樟等。栽植庭院、公共绿地、花坛、花池要求树形规则，最好选择常绿花灌木品种，例如：棕榈、栀子、海桐、火棘、蚊母、扶芳藤、石楠、法青、桂花等。片林或林带最好选择经济价值较高的乔木品种，例如：香樟、水杉、银杏、桉树、法桐、三(五)角枫、重阳木、枇杷、辛夷、七叶树(又名梭椤树)、火炬松、云杉等。有条件的地方还可以种些果树。

073　大气污染苗木受害的原因有哪些?

大气中污染苗木的有害气体有二氧化硫、二氧化碳、氟化氢、臭氧等,使苗木叶片受损产生严重脱水,造成枝叶干枯。由于毒气体的强腐蚀性能使原生质、叶绿体、酶受毒害,破坏了苗木正常的新陈代谢。粉尘、灰尘、烟尘堵塞叶面气孔、遮盖叶面,蒸腾作用受阻,减弱光合作用,造成苗木长期萎蔫干枯死亡。

074　抗有害气体的苗木品种有哪些?

抗有害气体的苗木品种有木槿、桂花、楸树、刺槐、构树、夹竹桃、棕榈、苏铁、海桐、大叶女贞、泡桐、栾树、黄连木、臭椿、银杏、石榴、松柏、粗榧、紫薇、梧桐、黄杨、杨树、合欢、紫荆、香樟、连翘、广玉兰等。

075　吸收有害气体的苗木品种有哪些?

吸收有害气体的苗木品种有紫薇、银杏、柳杉、香樟、海桐、大叶女贞、夹竹桃、刺槐、七叶树、连翘、紫藤、珊瑚、紫穗槐、河南桧柏、梧桐、泡桐、胡颓子、厚皮香、刺梅、黄杨、棕榈等。

076　不适应有害气体的苗木品种有哪些?

不适应有害气体的苗木品种有雪松、月季、苹果、油松、水杉、火炬松、枫杨、杜仲、樱花、葡萄、杏树、梨树、丁香、牡丹、皂荚、毛白杨、红绿梅花等。

077　抗粉尘、烟尘、灰尘的苗木品种有哪些?

抗粉尘、烟尘、灰尘的苗木品种有黄连木、香樟、杨树、栾树、大叶女贞、柿树、合欢等。

078　能杀死细菌的苗木品种有哪些?

能杀死细菌的苗木品种有枸杞、花椒、稠李、松柏、丁香、天竺葵、肉桂、柠檬、香樟、桉树、枫杨等。

079　有毒的苗木、花卉品种有哪些?

有些苗木花卉会释放一种对人体有害的废气,有的根、茎、枝、叶破损会流出毒液（汁），有的花粉含有毒碱，久与有毒苗木花卉接触会造成慢性中毒。有毒的苗木花卉品种有一品红（又名猩猩木）、茉莉花、五色梅（又名马缨丹）、光棍树、枫杨、稠李、虎刺、南天竹、夹竹桃、紫藤、夜来香（又名夜丁香）、黄花杜鹃、滴水观音（又名香棒）、水仙花、马蹄莲（又名海芋）、郁金香、含羞草、花叶万年青、百合、含笑、杜鹃、兰花、铁树、凤仙花、火鹤、飞燕草、仙人掌、洋绣球、天竺葵、红掌

一品红

等。特别是滴水观音、一品红全株有毒，茎叶里白色汁液会刺激皮肤红肿引起过敏反应，误食茎叶有中毒死亡危险。紫藤的种子、茎、皮、根均有毒，误食引起呕吐、腹泻、口鼻出血、手脚发冷甚至休克死亡。

080 带针刺的苗木、花卉品种有哪些？

带针刺的苗木花卉品种有皂荚、木瓜、枳壳、枣树、刺槐（又名家槐）、刺柏、刺楸、椤木石楠、刺杉、铁篱寨、枸骨、枸杞、火棘、紫叶早樱、花椒、剑麻、月季、刺梅、虎刺、仙人掌类等。

081 污染（绒毛、花果）环境的苗木品种有哪些？

污染环境的苗木品种有法桐、杨树、柳树、梧桐、大叶女贞、银杏、无花果、海桐、枸树、栾树等。

082 保护自然生态环境，具有招引鸟类的长期挂果苗木品种有哪些？

有"鸟语"须有"花香"。保护飞禽，招引鸟类的长期挂果苗木品种有枸树、楝树、无患子、山茱萸、山桐子、石楠、大叶女贞、红果冬青、火棘、枸骨、扶芳藤、枸杞、南天竹、山楂树、山葡萄、酸枣、棠梨、海桐、法青、枳壳、大叶黄杨、北海道黄杨、紫藤、梧桐、皂荚、海棠、栎树、桑树等。

083 什么是苗木生长的立地条件？

苗木生长的立地条件指对苗木生长有直接影响的自然环境，例如：地形、土壤、水分、气候、生物等。若立地条件和季节不适合栽植苗木，必须采取技术措施适应苗木的不同生态要求，达到栽植苗木的预期目的。

084 什么称"种植土"？

种植土指理化性能好，结构疏松、透气，保水、保肥能力强，适宜植物生长

的土壤。

085 什么称"客土"？

客土指栽植苗木地、坑不适合植物生长的土壤,更换成适合植物生长的土壤或掺入某种改善理化性能的物质。

086 什么称"换土"？

(1)换土指个别苗木品种不适应本地土质,需更换酸碱性土壤。例如:栀子、杜鹃、山茶等。应将局部土壤换成酸碱性土壤,或者树坑放入硫酸亚铁(俗称"黑矾、绿矾")、泥炭土、腐叶土、有机肥等,使其符合酸碱性要求。

(2)栽植地段土壤根本不适宜苗木生长,例如:坚土、重黏土、沙砾石及被有毒的工业废水污染的土壤,有些地块清除建筑垃圾后仍有其他有害成分。这时酌情增大栽植坑容量,全部或部分换入肥沃的土壤,称为"换土"。

087 什么称"修剪苗木"？

苗木在自然生长过程中,树干分枝上会萌发许多枝条嫩芽,造成树干生长不挺直、树冠生长不匀称,这样不但消耗大量营养和水分,而且树形也受影响。为使苗木迅速生长、开花、结果,要随时剪除多余和生长部位不当的枝条、嫩芽,使树冠均衡地采光、通风,减少病虫害。对树冠疏枝短截、对残损根的修剪称"修剪苗木"。

088 何谓实生苗？什么称"二次移植苗"？

在苗床、育苗地用种子播种或用树木的根、茎、叶、芽等器官扦插培育出新的个体称"实生苗"。从苗床或育苗地移到新地栽植称"二次移植苗"。

089 什么是播种育苗？如何操作？

用种子培育出新的幼苗称"播种育苗或有性繁殖"。为使种子发芽整齐,在播种前必须进行催芽。根据种子大小、种皮厚薄可采用多种方法催芽。例如:冷水浸种法、热水浸种法、沙藏法、锉伤种皮法、冻裂法、硫酸碱水洗种法、草木灰拌种法等。对种皮薄、不耐贮藏,容易失去发芽能力的品种,例如:榆树、椿树、合欢、栾树、棕榈、桑树、枇杷等,种子随采随播。凡是大粒或种皮坚硬需要催芽的种子适宜秋播。播种方法:细小种子用撒播法,中粒种子用条播法,大粒种子用点播法。例如:核桃、银杏、板栗、杏树、桃树等。

090   什么是扦插育苗？如何操作？

扦插育苗是利用苗木营养器官的一部分，在适宜的条件下培育出新的幼苗方法。由于扦插时间不同，又分硬枝扦插和软枝扦插两种方法。

（1）硬枝扦插育苗是在树木落叶后至发芽前进行。例如：杨树、柳树、法桐、紫薇等，选择一、二年生粗壮、无病虫害的枝条。插条长度：花灌木为8～12厘米，乔木为12～15厘米。插条的剪口要平滑成斜面（马蹄形）。插条入土一般为插条上端的芽眼稍露出地面为宜。

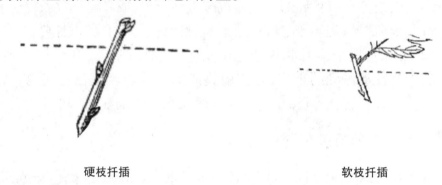

硬枝扦插   软枝扦插

（2）软枝扦插育苗是用当年生未木质化或半木质化的枝条进行扦插。一般在梅雨季节（7月下旬至8月上旬）扦插，这时气候湿润、土壤温度适宜，容易生根发芽。例如：月季、大叶黄杨、北海道黄杨、石楠、栀子、紫薇、凌霄、桂花等。采集枝条尽量做到随剪随插，扦插后要遮阴，以免阳光暴晒，早晚各喷雾化水一次，成活后逐渐除去遮盖物。

091   什么是嫁接育苗？方法有几种？

嫁接育苗是把一株苗木的芽或枝接在另一株苗木适当部位上，使它愈合成活为新苗木。用来嫁接的芽或枝叫"接芽或接穗"，承接芽或接穗的苗木叫"砧木"。用嫁接的方法育苗，不但保持母体的优良品质，而且能提前开花、结果。所以嫁接广泛应用在果树和名贵花木的培育上。嫁接能否成活主要取决于接穗与砧木间亲和力大小，同科同属亲缘关系愈近的亲和力愈大，成活率愈高。枝接应在春季树木未发芽前进行，芽接应在夏季进行。嫁接方法：按材料不同可分为芽接、枝接等，因部位不同又分为皮下接、切接、劈接等形式。嫁接关键点：一是下刀快，二是削得平，三是对准形成层。

| 皮下接 | 切接 | 劈接 |

092　什么是裸根苗木？如何确定根系规格？

落叶乔木、花灌木经常采用不带土球，保留完整根系起苗，这类苗木称"裸根苗木"。乔木根系规格是地径的 10～12 倍。花灌木根系规格是苗木高度的 1/3 或 1/2 左右。分枝点高的花灌木根系规格是地径的 10～12 倍，根系深度是根系规格的 2/3。

093　什么是带土球苗木？如何确定土球规格？

常绿乔木、名贵花灌木经常采用带土球起苗，这类苗木称"带土球苗木"。土球的大小应根据苗木规格、根系分布情况、品种成活易难程度、土壤质地等条件确定，土球直径是苗木地径的 8～10 倍、土球厚度是土球直径的 2/3。常绿花灌木土球直径是冠幅的 1/2～2/3，土球厚度是土球直径的 2/3。

094　何谓苗木假植？方法有几种？

起挖后的苗木如果不能及时运出或运到栽植地点，又不能及时栽植，用碎土掩埋或用苫布、草袋盖严根部，这类苗木称"假植苗木"。假植场地应距施工现场近、运输方便、水源充足、地势高不积水。具体假植方法如下：

（1）裸根苗木用苫布、草袋盖严。也可以挖宽 60 厘米、深 70 厘米的长形沟槽，苗木分类排码，树梢应向顺风方向斜放沟内，然后用碎土覆盖根部，假植时间长应喷水保湿。

（2）裸根苗木泡水。例如：杨树、柳树、法桐、刺槐、国槐、三（五）角枫投放水里浸泡保湿。

（3）带土球苗木集中直立排码，树冠用绳拢捆，松紧适度。土球间隙填土略高于土球上平，周围培土要密实，假植时间长，树冠根部喷水保湿。

园林绿化300问

第三章

培育精品苗木

095 控根(容器)培育苗木最大优点是什么?

控根育苗是一种快速培育技术,它适应大规格苗木培育与移植,具有育苗周期短、生根量大、移植方便、成活率100%的优势。改变传统培育,转换"控根"培育苗木新观念。它的最大优点是适应反季节、突发性全冠移植。对缺失的行道树、点缀树、孤植大树补栽,生态景观效果极佳。控根育苗技术简单,减少笨重起挖苗木全过程,省工、省时、省材料。另外,控根育苗便于调整品种结构,最大化提高土地利用率。

096 为什么说"移植控根苗木成活率100%"?

移植苗木成活率的关键是苗木生长不单靠主根、侧根,而是靠分权的二三级根上长的毛细根,俗称"根毛、须根"。容器育苗控制了主生根、侧根生长,促进根尖后部萌生更多新根继续向外生长,增加二三级根上毛细根数量,它所生长的毛细根数量是常规育苗的30~40倍。这样移植等于苗木异地搬家成活率100%。最大优势是全冠移植、不伤根、不缠绕草绳、不用药物、不受土地干湿影响、不受季节限制、定植后无缓苗期,继续旺盛生长,是盛夏、寒冬急于出绿化效果的首选苗木移植技术。

097 控根培育苗木用何方法?

(1)容器材料选择高强度、柔软、抗老化、耐腐蚀的聚乙烯材料。由铸塑厂加工成所需形状、规格、凸凹处有孔的塑胶板,2~4块拼接成桶形。或者选用木棍粗细、长短一致,中间打两个孔,用胶包铁丝串连成桶形。还可以用油毡、砖、石、土块围砌成桶形。

(2)选择干径8~16厘米的优质品种,例如:桂花、香樟、枇杷、大叶含笑、海棠、广玉兰等。栽植坑底低于自然地坪5~7厘米,株距、行距三角定植,搭支撑架拉线,防止摇摆倒伏。用上述任何一种材料,依苗木地径的8~10倍为直径,高是直径的1/2或2/3围成桶形,将苗木栽入,外围回填种植土,同时施入肥料,不夯实、不踏实,适量浇灌透水。

(3)夏季树干缠绕草绳,注水保湿,改善苗木生长湿度环境。冬季树干缠绕草绳,包塑料薄膜,起到保温作用。根部采取滴灌或覆盖塑料薄膜、锯末、稻麦糠等。另外随树干架水管至树冠最高处定时雾化,促进根系吸收水分与树冠蒸腾量协调平衡,经过二三个生长期培育出枝叶繁茂的精品苗木。

098 苗木定干如何操作？

定干高度是根据苗木品种、苗圃管理者意愿、市场需求确定的。定干高度事关苗木质量和经营效益。定干指苗木地迹向上至分枝点（枝下高），也就是说"截干高度决定预期定干高度"。根据实地观察：99%苗圃管理者按传统习惯从小树培育，将主干轮生枝从下至上剪除到定干高度、顶端余下 2~3 个轮生枝和几片叶，这种"定干"做法是错误的，苗木失去蒸腾、光合作用生长缓慢，造成干高、径细、梢重弯垂，刮风树干易折断，还会造成日灼病。如何解决定干不够高的弊病，正确操作办法是：以截干高度（留足萌生枝余量）决定树干高度，当苗木干径达到 3~7 厘米时，分品种在主干 120—160—200—240—280—320—360—400 厘米高处截除。主干轮生枝及萌芽保留，个别枝条交叉生长，影响通风透光应剪除 1/3~1/4。新生冠幅圆满后再将轮生枝贴干剪除。这种做法保证了理想干高，苗木既速生又避免了日灼病发生。

099 如何快速培育高干常绿花灌木和彩叶精品苗木？

高干北海道黄杨、高干扶芳藤、高干红花槐、高干金钱榆、高干金叶女贞、高干月季、高干紫荆、高干桂花等。这些稼接品种适应性强，南北皆宜，园林绿化用途广，景观效果极佳，市场前景广阔。根据实地观察，多数栽培者仍用传统方法进行幼树培育，费工、费时，采取嫁接方法是捷径。将干径 5~6 厘米的丝棉木、流苏等品种定植培育砧木，定干高度 240~260 厘米。二年后树干顶端选留 5~7 个框架骨干主枝，在长 30~50 厘米处外侧嫁接北海道黄杨、扶芳藤、桂花（盛夏芽接成活率最高）。入冬前将原枝条距嫁接部分 2 厘米处剪除，开春前将芽眼背面塑料条划开等待萌发壮芽，日常管理控制冠幅外徒长枝，经过三四年培育出高干常绿花灌木和彩叶精品苗木。经验证实：年内 11 月建塑料薄膜大棚培育山刺梅干径 3~4 厘米砧木，同时嫁接月季 3~4 个芽或枝。由于棚内温度高、湿度高、土壤温度高，水肥充足，苗木生长到次年 5 月，冠径 50~60 厘米，盛开五颜六色精品高干月季，生长周期短，产值效益高。

100 如何培育可使高干红花木槿、红叶石楠、桂花树快速生长？

根据实地观察，大多数苗圃管理者培育高干花灌木的做法，首先确定定干高度将上部截去，轮生枝又贴干剪去变成树棍，顶端留 2~3 个轮生枝，苗木失去光合、蒸腾作用，造成苗木生长缓慢或停止生长，苗木干细、冠弱、树姿不协调，失去观赏效果，还会发生日灼病。正确操作方法是：首先确定株距、行距分别为80~120厘米,选择树干挺拔、轮生主枝匀称的壮苗培育,所有轮生枝前两年保留,过长轮生枝剪去1/4为宜(也可以将无轮生枝的独干苗木2~3株扭结在一起培育)。照此操作二三年完成分枝点定干高度,此时将中心主枝截去,形成开心树冠,通风透光。促使根系吸收水分与树冠蒸腾量协调平衡,这样培育的苗木生长快、树干粗壮、高度一致、冠幅丰满。这时进行苗木定植,株距留一株移出二株,行距留一行移出一行,株距、行距各240厘米,116株/亩。经过三四个生长期,培育出精品高干苗木。

红花木槿

101 **怎样培育彩叶圆柱形苗木,适宜品种有哪些?**

(1)将挖出的幼树主生根和主干上部剪去1/3,保留所有轮生枝。将4~6株幼树地颈处交叉45°捆扎栽植(最好控根培育)。平时剪除主干顶端枝条,由下部轮生枝重新获得优势代替原主干向上生长。主干基部四周着生主侧枝及外围徒长枝,控制修剪冠幅直径分为80—100—120厘米。经过六七年培育形成十分壮观的高大彩叶圆柱形苗木。

(2)将干径4~5厘米苗木从地迹上30~40厘米高处截除栽植培育(最好控根培育)。从新萌生多枝副主干,用绳捆拢,平时管理剪除副主干顶端(嫩梢),由下部萌发轮生枝条代替副主干向上生长。原主干自下而上的轮生枝、侧枝全部保留,控制修剪冠径及外围徒长枝,通过修剪调整长势,形成冠幅高度均衡一致、内膛枝叶密实、外形整齐、树姿美观的彩叶柱形苗木。

在园林绿化配植上用途广,市场前景广阔(租摆场景)。适宜品种有黄杨、火棘、枸骨、海桐、法青、扶芳藤、红檵木、小叶女贞、金森女贞、红叶石楠、北海道黄杨、常青白蜡、红果冬青、大叶女贞等。

102 **如何培育红叶石楠、小叶女贞、金叶女贞、红檵木、扶芳藤、海桐、黄杨、北海道黄杨等球类植物?**

根据实地观察:大多数苗圃管理者,都是单株或双株并列栽植,平时控制修剪高度和冠幅,培育一株合格的精品球需要四五年。还有将多株栽成圆圈形或分散形(组装),二三年形成毛球,出售时起挖土球散裂,不抱团,影响成活率。如何在二三年内培育成精品球，具体操作方法如下：首先确定株距、行距分别是120~140厘米，将5~7株幼苗地颈处交叉成45°捆扎，此时将主生根和主干上部剪去1/3栽植。生长过程随时将徒长枝剪去，后期重剪控制，促使内膛萌发枝条，经过二三个生长期，培育成密实的精品球苗木。

石楠

103 如何培育栾树、枫杨、柳树、国槐、辛夷、大叶女贞、三（五）角枫、红叶石楠等行道树？

根据实地观察，大多数苗圃的管理者，苗木定植株距、行距太密，极个别太大。栽植时树干轮生枝全都剪去，只剩顶端二三个轮生枝和几片叶，有的截去中心主枝，树干萌生的新芽又顺手抹去。这样做减弱了苗木蒸腾和光合作用，造成生长缓慢甚至停止生长。以上都是拔苗助长的错误做法。实践证明，不懂技术的勤快人培育苗木生长缓慢。正确操作方法如下：

（1）根据苗木品种规格，适当缩小株距、行距，次年留一株移出一株或移出二三株，留一行移出一行或移出二三行，最后保留定植株距、行距分别是180—240—300厘米等。

（2）苗木生长发育前二三年，树干自下而上的轮生枝，不剪除也不抹掉萌芽。根据株距、行距宽窄适当剪去过长交叉枝1/4。生长过程要注意树干中心主枝嫩梢萌发的开杈芽要随时抹去，目的是使树干生长挺直，轮生主枝匀称，长势旺盛。例如：法桐、栾树、红叶石楠、三（五）角枫等，一年生长量干径可达4~5厘米以上。苗木定植前二三年树干轮生枝不修剪，最大优点是不会因刮大风树干被折断或东倒西歪，影响长势。

（3）苗木胸径达到6~7厘米时，按管理者预计定干高度截干，干上的原始轮生枝及当年萌发的枝条不要盲目修剪，次年树干顶端选留5~7个骨干枝、错落短截1/2或1/3，余下枝条全部剪除，随长势再逐步剪除原始轮生枝。这样培育的苗木树冠扩张、通风采光好、生长速度快、树姿优美，成为倍受人们喜爱的精品行道树。

（4）用种子培育的国槐幼苗密度不均匀，定植株距、行距大。生长发育期出现树干瘦高，呈弯垂半倒伏状态，大部分管理者采用绳子固定或用木棍立桩帮扶生长，还有用钢管、木桩固定在树行两端，用绳子逐行逐棵系牢，绳子的勒痕影响苗木正常生长发育。这些纠正方法都是错误的。正确操作方法是:培育国槐首先是养根。当年的幼苗次年初春时,距地颈上 12 厘米高处截去,一年后移栽由密到疏定植,再经过一二次短截。这样可以促使根系发达、地径粗壮,萌生新的主干健壮墩实,轮生枝不需修剪,再也不会出现干细、梢重、东倒西歪的现象。经过五六个生长期,培育出理想的精品苗木。

104　为什么说"截干的法桐树生长更快"?

根据实地观察,大多数苗圃的管理者,培育法桐树的株距、行距为 300 厘米×400 厘米,55 株/亩;株距、行距 300 厘米×300 厘米,74 株/亩。经过三四个生长期胸径达到 10 厘米以上,高度达到 700~800 厘米,出售时截去主干 3/5。为避免资源浪费、提高产量,要改革传统栽植方法。法桐树必须经过由密到疏的定植(出售、移植)过程,最后定植株距、行距各 240 厘米,116 株/亩。生长过程自下而上的轮生枝不剪除(枝条越多叶片越多,蒸腾、光合作用越大,积累的营养物质越多,促使植株快速生长)。保留中心主枝一个顶芽,均匀着生轮生枝。胸径达 7~8 厘米定干时,截除部位应靠近分枝点或最近芽眼处。保留下部轮生枝充足的水分、营养(碳水化合物),促使形成层强劲分裂,树干越长越粗。待树冠形成,下部轮生枝剪除,经过三四个生长期,培育出质量佳、产量高的精品法桐树。树龄到未出售、树冠大移植难度大,这时可再次截干或高低错落短截骨干枝。另外,截去的中心主枝还可以做插条扦插。具体操作方法如下:扦插条末端截切成双斜面,入土部分进行环剥,争取更多的生根面积,地下部分用井字架木棍及上部用三四脚支撑固定,只要气候、土壤温度适宜,便能生根萌芽成活,达到事半功倍的效果。

105　怎样培育紫薇(百日红)?

根据实地观察,大多数人培育紫薇时,扦插到分栽的过程中容易出现密度过大,形成主干无轮生枝,细弱的树干开花时压弯下垂。培育者盲目用木棍、竹竿插桩帮扶生长,结果是树干与轮生枝比例失调,生长缓慢,商品价值低。具体操作方法如下:

(1)确定株距、行距:苗床扦插株距、行距 20 厘米×30 厘米,11 100 株/亩。分栽株距、行距各 90 厘米,822 株/亩。一个生长期后出售或移植,株距留一株移一株,行距留一行移一行,最后定植株距、行距各 180 厘米,206 株/亩。

(2)截干栽植:栽植苗木就是养根,根是苗木生长的基础。栽植前将幼树距地颈上高 10 厘米处剪除,成活率 100%。这样幼树萌发的壮芽越长越墩实,树干的粗度与高度协调生长。

（3）幼树栽植：分栽的幼树所有轮生枝及中心主枝顶梢完整保留。无轮生枝的幼树可以三四株扭结一起栽植。

（4）定干时机：干径达 3~4 厘米时，根据市场需求定干，高度分别距地颈上 100—140—180 厘米高处截去，下部轮生枝交叉生长剪除 1/4，重点培育截干断面骨干枝，形成丰满树冠。随后逐渐剪除树干上轮生枝及萌芽，达到理想的树形。

（5）将地径 1.5~2 厘米紫薇 5~7 株栽植在具有观赏价值（死、活）树桩根盘下，保留轮生枝，靠贴依附树桩缠绕生长，经 2~3 个生长期培育出年久的古树百日红桩景。

106 快速培育桂花、紫薇、紫荆、红花木槿、红叶石楠、大叶含笑、香樟的诀窍有哪些？

（1）将同品种同规格（干径 3~4 厘米）15~17 株组团栽植或数株围绕缠草绳的粗木桩组合栽植，干与干接触部位削去皮层露出木质部靠（对）接。组装的树干胸径 18~24 厘米，外围用塑料薄膜包扎，再用棕（竹）绳适当捆紧，结合部以上中心主枝及轮生侧枝保留，经过三四年的精心管理，培育出精品独干冠状树形。按此方法操作，树干笔直，冠幅完好，根部毛细根发达，起挖土球完整，移植无缓苗期，成活率 100%。生长周期短，观赏效果好。

（2）桂花、紫薇、紫荆、木槿、大叶女贞、棕榈、红叶石楠等，前 2~3 个生长期不修剪枝条萌芽，开花前将花苞、花蕾全部剪除。截留的营养物质（碳水化合物）输送到干枝上，促进网络形成层强劲分裂，干径快速增粗。

107 培育大丛状球类、高干桂花、高干石楠等生长过程中出现偏冠缺失、分枝点过高怎么办？

偏冠缺失是树木长期遭受外力或光照影响，树冠不自然成形，出现偏冠缺失影响观赏效果。通过修剪达到观赏所需要的树冠，主枝分布均匀，主从关系合理，外形整齐美观。必须做到以下几点：

（1）纠正大球类偏冠缺失定植时：加大株距、行距，不拥挤，通风透光，有利于苗木健康生长。

（2）纠正大球类偏冠缺失时：采用拉枝、平撑使枝杈扩展，弥补偏冠、缺失，经过一二个生长期达到期待冠形。

（3）纠正大球类偏冠缺失时：采用药物矮壮素喷洒旺长部位，控制生长。

经过一二个生长期,达到理想冠形。

(4)纠正大球类偏冠缺失时:对偏冠方要重剪,在缺失方主枝上钻小孔喷施药物生长激素,提高光合作用强度,萌生的新枝条迅速补缺,达到理想冠形。

(5)纠正分枝点过高,可在树干适当高度萌芽前按干径的1/10宽度进行环剥,阻止碳水化合物(养分)输送,迫使树干萌生新枝条,培育出新的分枝点。

108 栽植截干香樟树上部出现长50~80厘米枯死现象,成活后偏冠、分枝点过低如何解决?

按常规防寒保湿措施:用草绳缠绕树干、包塑料薄膜至顶端下部留长80~100厘米不包,等待发芽,适用于耐寒树种,例如:无球法桐、栾树、白蜡、竹节槭、楸树、马褂木等。对截干的香樟树从地颈开始向上间隔1厘米用草绳缠绕树干,包塑料薄膜至顶端下部20厘米处,在顶端用草绳向下搭十字(断面刷涂药物),用塑料薄膜将顶端和下部套牢扎紧,同时戳小洞换气,等待数日(30~45天)会萌发均匀的壮芽,就避免了树干上部干枯、偏冠、分枝点过低现象。这时树干上下萌生许多枝条要保留,充分发挥枝叶的蒸腾、光合作用,促使苗木健康快速生长,同时预防日灼病。树干多余枝条入冬前应全部剪除。

109 如何避免棕榈树生长过程中出现畸形(树干粗细不一致)现象?

棕榈树极耐阴、抗寒、耐热。柄长叶大形似扇子,色泽浓绿,南方韵味足,是机关、学校、医院、厂矿、营区、庭院、住宅区优秀绿化树种,也是布置会场的良好盆栽植物。人们移植棕榈树总怕不活,盲目地将叶片和叶柄剪掉,一旦成活树干越长越细,等长出12~15叶片时树干才会增粗,畸形的树干失去了观赏效果。移植棕榈树成活的关键是土球规格。棕榈树肉质根状茎、根尖锥芽延伸生长,根茎长度同冠径相等。正确操作方法是:起挖棕榈树土球规格(直径)是干径的6~8倍,这样很少损伤根茎、锥芽,移植成活率100%。再者日常管理不要盲目剥棕,修剪叶片、叶柄,否则会造成干径越长越细。为避免树干畸形,日常做到不剥棕,不修剪叶片、叶柄,必要时将下垂老叶剪去,留下2/3长柄,种子成熟时连柄剪去。这样操作就避免了树干畸形,培育出干径粗细一致、柄短叶大、颜色浓绿的高品质棕榈树。

110 培育精品苗木株距、行距如何确定?

根据实地观察,99%的苗圃业主盲目听信苗木经纪人推荐的品种及栽植密度。经过一二个生长期,出现苗木分栽无土地,出售困难现象,这是造成苗木残次品最主要的原因。如何改变这种不正常栽植状况呢? 正确操作方法是:

（1）栽植幼苗株距、行距各 50 厘米,2 664 株/亩,经过一二个生长期后再分栽定植(株距、行距各 240 厘米,116 株/亩)22 亩。

（2）栽植株距 80 厘米、行距 120 厘米,694 株/亩,经一二个生长期后再分栽定植(株距、行距各 240 厘米,116 株/亩)6 亩。

（3）栽植株距、行距各 120 厘米,463 株/亩,经过一二个生长期再分栽定植(株距、行距各 240 厘米,116 株/亩)3 亩。这样栽植形式既提高了土地利用率,剩余土地又能种植农作物,减少业主投资,为业主分忧。

根据苗木品种生长习性综合考虑,预计出售商品树规格定植株距、行距。从幼树到成品树,需要经过从密到疏的操作过程。经过一二次移植或出售,最后达到成品树的定植要求。

举例:栽植无球法桐树地径 1.5~2 厘米、株距 80 厘米、行距 120 厘米,694 株/亩。经过一二年生长,胸径可达 4~7 厘米,高度 650~750 厘米。植株生长发育过程中,下部轮生枝相互交叉生长,影响通风透光,这时需要短截 1/4 轮生枝或移植、出售。株距留一株移出二株、行距留一行移出一行,最后大规格成品树定植株距、行距各 240 厘米,116 株/亩。这种培育办法充分利用土地资源,苗木生长环境通风透光、土壤疏松、氧气充足、保墒能力强、病虫害少、生长快,杜绝残次品,林下又能复合种植,增加经济收入。

111 苗木回苗圃继续培育多大规格最合适?

培育苗木从播种、扦插、嫁接操作全过程技术含量高,幼苗生长缓慢、周期长。苗木回苗圃继续培育,应选择稍大规格的半成品,省工省时,生长周期短,见效快。例如:培育无球法桐、枫杨、大叶女贞、栾树、国槐、桂花树等,选择干径 4~5 厘米的回苗圃最合适。培育红花槐、金钱榆、紫黄白玉兰、北海道黄杨、扶芳藤等,选择嫁接砧木刺槐、榆树、辛夷、丝棉木干径 5~6 厘米的回苗圃最合适。培育日本樱花、红叶石楠、海棠、木瓜、紫薇等,选择地径 3~4 厘米的回苗圃最合适。

112 桂花树回苗圃如何快速培育成理想树冠?

干径 6~8 厘米以上的桂花树回苗圃继续培育,栽植前对骨干枝进行高低错落短截,破坏了原始树形,失去了观赏效果,商品价值低。如何使桂花树恢复理想树冠,具体操作方法如下:桂花树生长一年后采取木棍平撑法和绳拉法扩张树冠。选择直径3~4厘米一端有权的木棍,另一端锯成开叉三角形,用来平行支撑骨干枝适当位置扩张。另外用粗绳一头系在骨干枝适当位置上,另一头系在斜插地橛上或对方树木地颈上,使绳绷紧扩张角度,也可用砖块、木棒揳塞开叉处扩张树冠,通风透光,经过二三个生长期,培育成冠幅丰满的大桂花树。此方法同样适用其他品种和果树。

113 **如何培育胸径12~22厘米的大规格精品苗木?**

大规格精品树必须具备胸径12~22厘米以上、树干笔直(行道树)、定干高度合理、骨干枝分布均匀、树冠圆锥形、冠幅在200~240厘米。全冠树决不是原始树冠,全冠针对截干树而言。具体培育方法如下:

(1)保留苗木一定高度的主干,将主干上部的原始骨干枝均匀留出4~6枝形成一级分权,它们又各自分生8~12个分枝,形成二级分权,再自分16~24个小枝。这种树形枝向四周扩散,不仅美观整齐,而且通风透光,遮阴效果特别好,是首选精品行道树。

(2)保留苗木一定高度的主干,将顶端原始骨干枝均匀地留下5~7枝,进行高低错落短截,萌发枝冠,当年长成理想精品行道树。

(3)保留苗木一定高度的主干,控制中心主枝高度,将原始轮生枝自下而上递减短截(形成合轴锥形),萌发枝冠,当年形成精品行道树。

(4)保留苗木一定高度的主干,将其上部截去,萌芽后选择5~7个粗壮主枝,其余全部抹去,当年形成理想树冠。树龄到未出售可以再次截干或分枝点以上骨干枝高低错落短截,始终保持180~220厘米的精品树冠。

(5)广玉兰、枇杷树胸径12~16厘米,高度550~650厘米时未出售,这时应采取原地控制树干中心主枝高度,截去上部,下部轮生枝错落短截1/2或1/4(形成合轴锥形),一年后长成理想的精品行道树。广玉兰、枇杷树移植后决不可定干短截轮生枝,这样操作很难恢复(6~8年)观赏树形。截干的香樟、栾树、三(五)角枫、枫杨、法桐树生长二三年未出售,冠幅大、移植难度大,应采取再次截干,提醒管理者第一次截干适当高些,留足二三次截干的余量,照此培育的香樟、栾树、三(五)角枫、法桐、枫杨仍是理想的精品行道树。

(6)选择原生地大辛夷树(胸径40~50厘米)做母本(砧木),错落短截骨干枝,形成圆锥形。次年选留粗壮萌生枝,芽接紫、黄玉兰。第三年采取分期环状断根。按照上述做法能够培育出令人羡慕的精品紫、黄玉兰大树,移植成活率100%,经济价值无法估量。

114　如何增添落叶大树绿量变成常青树？

首先选择常绿攀附藤本苗木，茎蔓具备寄生根、气生根或吸盘，有依附他物生长的能力。将攀附苗木栽植在落叶大树根部周围，它会自行吸附树干攀高生长。茎蔓绿叶将树干遮掩得严严实实。不但不影响大树生长，而且给大树生长提供了保湿环境，又给落叶大树增添了绿量，使落叶大树变成了常青树。常绿攀附藤本苗木品种有常青藤、小叶扶芳藤、爬壁藤、络石、樱花葛、炮仗花等，落叶攀附藤本苗木品种有凌霄、蝙蝠藤、紫藤、红花金银花等，它们在夏、秋二季盛开红花、黄花，使大树更加绚丽多彩。

115　林下复合种植（套种）如何选择苗木、花卉、农作物、药材等品种？

林下复合种植的优势：充分利用土地资源、保墒能力强、涵养水分、控制水土流失、土壤疏松透气、减少杂草滋生、减轻虫害发生。三伏天降低土壤温度，适应苗木生长。根据实地观察，大多数绿化地、苗圃地复合种植品种搭配不合理，长势弱小，出现变态、变色现象，失去观赏效果及商品价值。林下复合种植首先是品种搭配要合理。根据土壤质地和树种结构，应选择半阴性、常绿、浅根性、低矮、丛状的灌木，常见品种有北海道黄杨、扶芳藤、小叶女贞、龟甲万年青、黄杨、十大功劳、蚊母、法青、栀子、枸骨、八角金盘、刺柏、蜀桧、龙柏等。适应林下复合种植地被多年生草本宿根品种有沿阶草（又名宽叶麦

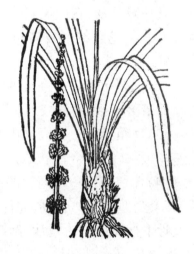

宽叶麦冬

冬）、吉祥草、虎耳草、萱草、鸢尾草、元槿草、红花草、马蹄筋草、白三叶草、爬壁藤、常青藤等。适应林下复合种植的农作物、蔬菜、药材类，常见品种有黄豆、豇豆、红薯、花生、土豆、洋葱、红白萝卜、白菜、草莓、菠菜、大蒜、辣椒、生地、蒲公英、血参、艾草，还可以养家禽（鸡、鹅、鸭）。为了降低苗圃经营成本，土地可以低价返租农户经营。不适应林下复合种植的深根性、缠绕类、彩叶花灌木、蔬菜类品种有乌蔹莓、绿萝、南蛇藤、茑萝、牵牛、南天竹、红檵木、金叶女贞、红枫、紫叶矮樱、金森女贞、紫叶早樱、红瑞木、火棘、月季、紫丁香、红王子锦带、红叶桃、紫叶风箱果、落葵、长豆荚、云豆荚、梅豆荚、丝瓜、冬瓜、南瓜、西瓜、甜瓜等。

116　夏季绿化地、苗圃地杂草什么时间清除最合适？

绿化地、苗圃地管理者习惯用药物或机械、人工除草,这样做不利于苗木生长(幼苗地需拔草、剜草),原因如下:

(1)喷施除草剂(草甘膦、百草枯)不能根除杂草,15~20天后又复活,一旦误施伤害苗木影响生长。

(2)勤锄草,将地整理得干干净净,错误认为无杂草就是管理很到位。实际上锄杂草损伤苗木毛细根,使其吸收水分、营养功能丧失,造成苗木生长缓慢或停止生长。

(3)杂草根系发达,生长快,部分杂草又具备匍匐茎,节间着地生根,纵横扩张生长,草垫厚,能缓冲浇灌水及降雨对地(坡)面的冲击力,促进水的渗透,有效地控制水土(肥)流失。

(4)杂草遮盖地面,密集的茎叶保墒能力强、涵养水分,可减少浇灌水次数,夏季有降低土壤温度的作用。

(5)危害苗木茎叶的害虫,易食杂草茎叶而减少虫害发生。

(6)日常遇见个别高草随手连根拔掉,清除幼树周围半平方米内的杂草。大面积除草,应选择秋季杂草种子未成熟前进行锄(割)草,注意松土深度,以不伤害苗木根系为宜。

(7)用黑塑料薄膜覆盖地面遮光,抑制杂草生长。

(8)推荐纯绿色化学除草剂——清草灵。将药物按一定倍数稀释后对土壤、水质、空气、环境无污染。药物入土后分解快、无残留。药效见绿就杀、药物杀哪喷哪,彻底根除各种杂草。施药过程不喷到树体,就不会伤害苗木。根除多年生宿根顽固性杂草,最佳时间是杂草成熟前,此时施药效果好,晴天下午施药效果更佳。

(9)推荐一种化学除草剂——莠去津。整地时将药物稀释后喷施土壤,根除杂草效果也很好。

117　苗木生长过程中树干、根盘下发生白蚁危害怎么办？

白蚁是一种害虫,体形比蚂蚁大,群居,口器发达,蛀食树干,根盘下筑巢形成空洞,造成苗木萎蔫枯死。防治方法:使用药物——敌百虫、氧化乐果稀释后喷洒树干。人工挖根盘下巢穴,喷洒药物杀死害虫。

118　苗木生长过程中树干、枝发生天牛危害怎么办？

天牛(又名钻心虫、蛀心虫、吉丁虫)。体态径2毫米、长2厘米、圆条形、

粉红色,是蛀蚀苗木的主要害虫。受蛀蚀的苗木,轻则干枝折断,重则整株死亡。防治方法如下:

(1)发现根部地表有木屑、树干有虫孔时,使用药物——敌敌畏、敌杀死、青虫菊,用注射器将药液注入虫孔,或用棉球沾药液塞入虫孔,也可以用磷化铝、硫黄、黄磷、煤油注入虫孔,再用湿泥封堵洞口熏杀毒死害虫。

(2)在秋末冬初时,在苗木地颈周围挖环沟,掩埋少量药物呋喃丹,减少虫害发生。

(3)春季树木萌芽时,将药物辛硫磷、敌敌畏、氧化乐果混合液稀释后浇灌根系,药物通过维管束输送到树体各部,天牛蛀食木质部时中毒死亡。

(4)用敌敌畏、敌杀死、氧化乐果混合液稀释浸湿草绳或更生棉缠绕树干,外包塑料薄膜熏死害虫。

119 苗木生长过程中突发金龟子危害怎么办?

金龟子(又名暮糊虫、瞎碰、夜不收),是咬食苗木叶片的害虫。它体态椭圆形,径约 1 厘米,壳甲硬、青蓝色、有金色斑点。伏天 6 月下旬晚上集群出没,咬食苗木叶片成缺陷或全食。例如:杨树、榆树、大叶女贞、梨树、核桃、流苏、白蜡、白麻等。一两个晚上能将全株或片林叶片吃光,使其失去蒸腾、光合作用,造成苗木夏季生长缓慢。防治办法如下:

(1)发现金龟子立即使用药物——敌敌畏、敌百虫、氧化乐果、1059、3911,稀释后喷施叶片正反两面。

(2)用灯光诱导金龟子聚集,人工捕捉。

120 苗木生长过程中如何预防树干日灼病发生?

苗木生长过程中树干发生日灼病,大体分三种情况:

(1)大规格苗木在原生地生长 30～50 多年,移植新地环境条件受到干扰,生理机能和组织结构发生变化,产生日灼病。预防方法:栽植大规格苗木时要注意树干阴阳面朝向,保持原生态习性。

(2)根据实地观察,大面积栽植截干苗木,发生日灼病占 60%～70%,苗木质量下降,影响观赏效果。预防方法:给树干刷涂白剂、缠绕草绳、喷洒药物——蒸腾抑制剂,避免发生日灼病。

(3)苗木树龄到未出售,苗圃管理者就盲目采取截干,使其再萌发新树冠的做法。根据实地观察,苗木发生日灼病占 60%～70%,废品占 1/3。这是由于截干苗木失去了光合、蒸腾作用,根系吸收水分、营养充足,输送水分、营养受阻,回聚在皮层、韧皮层、形成层,受阳光暴晒温度高,树干从上至下阳面造成严重的日灼病。预防方法:苗木分两次截干,间隔一株或间隔一行截干,从浓荫到疏荫,或者截干保留断面以下轮生枝,这样就避免了日灼病。

121 苗木生长过程中树干、枝流胶渍、油渍怎么办?香樟、银杏树等嫩梢(芽)枯萎、叶片干边(黄白色)怎么办?

雪松、侧柏、杏树、日本樱花、桃树、椿树、榆树、樱桃树等,在生长过程中树干流胶渍、油渍,解决方法为:将药物——多菌灵和生石灰粉搅拌成糊状刷涂树干根治胶渍、油渍。苗木出现嫩梢凋萎干枯,叶片干边、发黄、发白现象,多数发生在麦收、种秋作物之前,这时大面积农田喷洒除草剂(草甘膦、百草枯),被污染的空气侵染苗木嫩梢、嫩叶,凋萎干枯,叶片发黄、发白、干边,蒸腾作用受阻,影响苗木生长。解决方法为:在苗木受浸染前后,将药物——灭害灵稀释各喷洒一次,苗木正常生长。

122 地头、边沟、路旁原有大树影响苗圃地幼树生长怎么办?

根据实地观察,苗圃管理者随意将原有大树砍伐或短截主干主枝,此做法欠妥。大树遮阴影响幼树生长是次要的,主要是大树侧根延伸生长十几米远,与培育的幼树争夺水分、营养,育苗地严重亏缺水分、营养,造成幼树瘦弱矮小。解决方法为:在距大树内侧 120 厘米处挖明沟(宽 40 厘米、深 70 厘米),或挖条沟砌立砖隔断,目地是阻止大树侧根向外扩张生长。这样操作既不影响大树生长,又恢复了幼树正常长势。受大树遮阴影响可选择浅根性、耐半阴乔灌木培育。

123 怎样选择苗圃地?

苗圃地应具备以下条件:
(1)交通运输方便,上空无高压线,地下无国防光电缆、燃气管道等。
(2)地势平坦,有水源、电源。
(3)土质肥沃、疏松、透气,保水、保肥能力强,强降雨不积水的地块。
(4)远离砖瓦厂、地板砖厂、陶瓷厂、盐厂、化工厂及煤炭飘尘多的地方。
(5)周围具备自然防火隔断,例如:沟、渠、水塘、河道、堤坝、道路等。
(6)租用土地年限最短 15~20 年,租用土地时间越长越好。

124 怎样做苗床?

根据育苗地地理位置、气候和排水、土壤条件,因地制宜做苗床,同时施足基肥。具体操作方法如下：

（1）高床：床面高于步道（操作路）20～30厘米，步道宽40～60厘米。从步道起土覆于床面。它适宜降雨多、排水不良，重黏土和细沙泥土地。

（2）低床：床面低于步道15～20厘米，先将表层土摊在床面中间，用底土筑步道，适宜气候干旱、水源不足的种植地。

（3）平床：床面与步道同高或略高于步道。在畦宽120～150厘米之间踩出一条宽40～50厘米步道。它适应平坦种植地。无论高床、低床、平床，操作时都需拉线定位，要求床面平整通直，无土块杂物等。

125　如何选择苗圃地围护设施——植物绿墙？

根据实地观察，个别苗圃地业主采用砖混围墙、水泥桩蒺藜铁丝网围墙、铁丝网片围墙，还有用苗木——花椒、刺梅做围墙，以上形式都不理想。应该选择苗木——铁篱寨、椤木石楠、火棘、有刺枸骨、皂荚、枳壳、剑麻等做围墙。栽植方法以铁篱寨为例：3月底4月初铁篱寨萌芽时，挖宽40厘米、深20厘米的长沟，栽植株距15厘米、行距30厘米，浇灌透水，苗木成活率100%。经过三四个生长

有刺枸骨

期，防范效果特别好。春、夏二季有花，秋、冬二季有密集的黄、红果（火棘），形成一道亮丽的生态景观墙。另外生活区、庭院遮挡装饰墙体的苗木品种有法青、四季桂、夹竹桃、红叶石楠、北海道黄杨、刺柏、蜀桧、扶芳藤、长春藤、地锦、凌霄、爬壁藤、蝙蝠藤等。

126　为什么说"土壤温度高低是苗木成活、速生的关键"？

冬季苗木处于停止生长或半休眠状态，是气候、土壤温度低造成的。最适合苗木成活速生的土壤温度是14～18摄氏度。因降雨、降雪、灌溉使土壤含水量大、缺氧、聚积大量二氧化碳、酸度增高、土壤板结、蒸发作用强，不容易提高土壤温度，俗称"冷土"。在这种情况下，严重影响根系发育，使苗木不生新根造成死亡。如何提高土壤温度？正确操作方法如下：

（1）排除低洼地积水，减少浇灌水次数。漫灌水改垄沟浇灌水（俗称"偷浇水"），提高土壤温度。

（2）将种植地整理成阳畦高垄（埂），秋末、冬季、初春全日照提高土壤温

度。

（3）增施有机肥提高土壤温度。

（4）用草木灰、锯末、稻壳、粉碎秸秆、塑料薄膜覆盖地面提高土壤温度。

127　何谓阳垄（高埂）整地、栽植,如何操作？

阳垄对调节土壤温度、苗木生长有很大好处,做阳垄的目地是秋末、冬季、初春土壤升温速度快、疏松、不板结、氧气充足,有利于苗木快速生长。具体操作方法如下:

（1）整地:深耕细耙整出无土块、无杂物的地块。

（2）放线:根据苗木品种规格确定株距、行距,阳垄为东北—西南向,垄面全天候接受太阳辐射热,快速提高土壤温度。

（3）栽植:栽培深度苗木地迹稍高于栽植地平。

（4）挖沟（步道）:在行与行之间挖上宽 50 厘米、底宽 40 厘米、深低于苗木根底的沟。将沟土覆盖株距间,要求中间微高形成阳垄。

（5）干旱时顺沟浇水,可缓解深井水使土壤温度急剧下降的问题,同时又能顺水施肥,渗透土壤、根系,形成疏松、透气的土壤环境,有利于苗木快速生长。

128　如何调节苗圃地土壤温度？

苗木生长发育需要相适应的土壤温度,温度过高过低都不适宜。土壤的温度不仅受太阳辐射热能的影响,而且与土壤本身的特性有着密切关系。例如:沙土地空隙多,含水量小,导热性强,容易增温;而潮湿黏土地空隙少,含水量大,导热性差,不易增温。适宜苗木生长的土壤温度是 14～18 摄氏度。冬春二季要想办法提高土壤温度,夏季要土壤温度适中,秋季要保持土壤温度。只有这样,苗木才能快速生长,枝繁叶茂。调节土壤温度的具体方法如下:

（1）排水:排除低洼地积水,减少地面蒸发,从而达到提高土壤温度的目地。

（2）浇灌水:行距间开沟浇灌水,深井水漫漫渗透土壤,起到缓解土壤温度突然下降的作用。

（3）如何降低土壤温度:秸秆、稻草、黑塑料薄膜覆盖、搭遮阴网,截留太阳辐射热能量,使土壤不受阳光直射,减少土壤吸热,达到降低土壤温度的目地。另外,浇灌深井水降低土壤温度。

129 如何调节苗圃地土壤水分？

水分是土壤的重要组成部分,也是土壤肥力的重要因素。土壤水分的主要来源是降雨、降雪、灌溉水。土壤中营养物质需要溶解于水,苗木从中吸收这些营养。因此,我们要注意土壤水分的调节,具体方法有:灌溉、排水、耕地、耙地、锄地、多施有机肥;利用塑料薄膜、稻草、秸秆、稻麦糠覆盖,搭建遮阴网防止水分蒸发。

130 如何调节苗圃地土壤空气？

土壤团粒结构的空隙在没有水分的情况下充满了空气。潮湿和水涝的土壤二氧化碳大量集聚,而氧气的含量很低,甚至缺氧,危害苗木生长,造成苗木死亡。在通气良好的土壤中所集聚的二氧化碳可以排除,氧气不断从大气中进入土壤,保证苗木正常生长发育。调节土壤空气的操作方法如下:

(1)增施有机肥料,改善土壤团粒结构,促使土壤疏松,以利于气体交换。

(2)及时耕作,尤其降雨、灌溉后土壤板结,要及时锄地松土,改善通透条件,以利气体交换。

(3)连续降雨容易积水,必须做好开沟排水,有利于气体交换。

131 如何进行硬枝扦插育苗操作？

硬枝扦插育苗在春、秋二季进行。3月春插,控制在萌芽前完成。插条扦插在覆盖黑塑料薄膜的畦面上,也可扦插单行、单畦,同时搭建塑料薄膜小拱棚。秋插在11月进行,扦插后及时搭建塑料薄膜小拱棚。插条较短、土壤疏松可以直插,插条较长、土壤黏重可以斜插,扦插深度以露出地面1个芽眼为宜。切勿倒插。扦插结束后浇灌透水。

132 如何进行软枝(嫩)扦插育苗操作？

硬枝扦插不易成活的苗木品种,应在7月底8月初进行软枝扦插,能提高成活率。软枝应从当年半木质化的粗嫩枝上剪取。插条应含2~3个节间,长12~15厘米,要保留插条上部1/2叶片。对蒸腾量强度大的阔叶插条上部保留1/3叶片。桂花树插条保留上梢(嫩头)。插条下部剪口应位于芽眼下2毫米处,以利生根。剪好的插条应立即用湿材料盖好,避免干燥。扦插时间,宜早晨或傍晚,最好随采随剪随插。插条扦插在覆盖黑塑料薄膜畦面上,扦插深度8~10厘米。扦插结束浇灌透水,早晚各雾化水一次。搭建遮阴网时,四周适量下垂,促进生根萌芽,提高扦插成活率。

133 采集插条的技术要求有哪些?

采集插条的技术要求有:

(1)采集时间:硬枝应在秋、春二季,苗木落叶后发芽前进行;也可以冬采冬插、春采春插。冬采插条要经过湿沙埋藏(冬储)处理,软化皮层,促进愈合组织的形成,从而提高扦插苗成活率。软枝应在夏天梅雨季节采条,应选择当年的嫩壮枝条,最好在早晨含水分饱满状态下剪取。

(2)采条应选择品种优良、发育充实、侧芽较多、无病虫害的一年生或二年生枝条、徒长枝,幼龄母树根部枝条为最好。

(3)采集的插条应随时采取保鲜措施,避免水分和营养流失。

134 怎样储存插条,如何操作?

为了避免插条冻伤、干燥、发热、霉烂、发芽、营养物质转化,有利于愈合组织形成,需要进行妥善储存。具体操作方法如下:选择排水良好、背风向阳的地方挖沟或坑,其深度取决于当地水位及冻土层的厚度,一般应挖70~80厘米深,长宽根据插条的数量而定。储存时应在沟底铺湿沙,含水量60%,厚10~15厘米。排列码放一层插条,覆盖5厘米厚湿沙,再码放第二层插条,放至距离地面20厘米左右时,上面全部覆盖湿沙并略高于地面。以后随着气温下降,还要不断覆盖土,以防插条冻伤。为了便于通风,防止发热,在沟坑内应插通风把(秸秆或树枝扎成捆)。在储存期间应定期检查湿度,防止霉变或干燥,使插条安全越冬。另外,还可以在室内或背阴处储存,用湿沙分层覆盖,表层用湿碎土掩盖严实。

135 剪截扦插条时应注意哪些事项?

采集的插条应及时剪截成扦插条。剪截扦插条首先确定扦插条长度,使扦插条含有一定数量的原始营养和水分。乔木长度为12~15厘米,灌木长度为10~12厘米。为减少断面的水分蒸发,上剪口应为平面,剪口离开上芽眼1厘米为宜,下剪口距芽眼下2毫米剪成斜面或双斜面(因为芽眼部位形成层细胞组织比较活跃,容易愈合、生新根),使吸收水分和生根面积增大。剪截扦插条应在背阴处或室内进行,要求剪截扦插条上下剪口平滑,防止皮层木质部劈裂、浸染腐烂,影响愈合生根。扦插条按规格分类,50~100根一捆(成活后长势一致),以便扦插和计算数量。

136 促进扦插条快速生根有哪些方法？

促进扦插条快速生根的操作方法如下：

（1）浸水处理法：扦插前先将扦插条放在水中，每天换水 1~2 次，浸泡一二天，使插条吸足水分。松柏类扦插条下端浸泡在 30~50 摄氏度的温水中 2 小时，起脱脂作用，有利于伤口愈合生根。

（2）生根激素处理法：萘乙酸、吲哚乙酸、吲哚丁酸、2,4-D、赤霉素、三十烷醇等稀释溶液，浸泡扦插条下端 1~2 小时，有利于伤口愈合生根。

（3）化学药剂处理法：高锰酸钾、二氧化锰、氧化锰、硫酸镁、磷酸等稀释溶液蘸扦插条下端，有利于伤口愈合生根。

137 影响扦插条生根成活的内在因素有哪些？

（1）不同的树种遗传特性也不同。插条成活的难易程度差别很大。一般条件下容易生根的树种有杨树、柳树、法桐、水杉、落羽杉、夹竹桃、白蜡、大叶女贞、木槿、杜仲、无花果、石楠、北海道黄杨、冬青卫矛等，较难生根的树种有白椿、枫杨、皂荚、槭树、枸骨、紫薇、枳壳、雪松、侧柏、龙柏等，不易生根的树种有楝树、香椿、刺槐、板栗、泡桐、臭椿、核桃、枣树、栎树等。

（2）幼壮龄母树枝条最好，此时的母树新陈代谢作用旺盛，分生能力强，生根快。老龄树新陈代谢弱、活力差，插条生根难，不宜选用，尤其不易生根和难生根的母树枝条扦插生根更难。

（3）同一株树主枝上的枝条比侧枝（特别是多次分枝上的枝条）发育好，扦插条应选取当年生基部和中部的枝条。

（4）扦插条越粗发育越好，营养物质越多扦插成活率越高。枝条过粗剪插困难，而且芽眼小，生长慢，不宜采用。多数品种枝条直径 0.8~1.2 厘米为宜。

（5）扦插条上部芽眼处保留的叶片要剪除 1/2 或 2/3，下剪口靠近下芽眼 2 毫米处剪截，此处伤口愈合快、生根能力强。

138 影响扦插条生根成活的外部条件是什么？

（1）土壤水分：扦插后要求适时适量浇灌水，保持土壤湿度，调节扦插条内部水分平衡。

（2）环境温度：扦插环境温度宜在 26~28 摄氏度，土壤温度宜在 17~19 摄氏度，对扦插生根成活有促进作用。

（3）土壤透气性：扦插育苗应选择结构疏松、透气的壤土，拌和蛭石、草炭土、腐殖土、沙为最好。

（4）空气湿度：空气湿度80%左右时进行硬枝、软枝扦插，比较容易生根成活。

（5）太阳光照：弱光照能促进硬枝、软枝扦插生根。强光照会引起插条产生日灼病，降低成活率，搭建遮阴网很有必要。

139 玫瑰红紫薇（百日红）繁殖如何操作？

紫薇繁殖时间在春、夏、秋三季。具体操作方法如下：

（1）秋末种子成熟随采随播。整地（畦）、浇灌、撒种、覆土掩盖种子、用稻草或塑料薄膜覆盖等待出苗。

（2）硬枝扦插时间，在春季植树节（农历二月初二）前后，扦插在覆盖黑塑料薄膜苗床上，随即适量浇灌水，然后搭建黑塑料薄膜小拱棚。棚内生根温度控制在24~26摄氏度，萌芽温度控制在18~20摄氏度，扦插成活率100%。

紫薇

（3）软枝扦插时间，在7月下旬或8月上旬梅雨天进行，扦插在覆盖黑塑料薄膜的苗床上，立即适量浇灌水。随后搭建遮阴网，距离地面高度150厘米左右，遮阴网四周下垂100~120厘米为宜。每天早晚各雾化水一次，扦插成活率95%以上。

140 无球法桐树繁殖如何操作？

无球法桐树繁殖时间在春季。具体操作方法如下：

（1）整理出畦宽150厘米的苗床，畦与畦之间整理出操作路，宽40~50厘米。株距15厘米、行距25厘米，畦内挖一小坑浇灌底墒水，将扦插条插入，回填种植土（此办法适应干旱缺水地区）。或者将扦插条直接插入畦内漫灌透水，随后搭建塑料薄膜小拱棚，扦插成活率100%。

（2）整理出畦宽150厘米，畦与畦之间整理出操作路，宽40~50厘米，低于畦面25厘米的高床。将扦插条插入覆盖黑塑料薄膜的畦里，随后顺畦两侧浇灌水渗透高床，土壤温度稳定，促使插条快速生根萌芽，成活率100%。

141 如何保障播种、扦插幼苗移植成活率 100%？

根据实地观察，播种、扦插培育的实生幼苗，特别是播种实生幼苗就地移植成活率很低[三（五）角枫]等。主要是起苗时将主生根（豆芽根）铲（截）断，个别是拔苗，根系皮层脱裂损伤，栽植方法不当，缺少经验造成的。为了确保移植幼苗成活率 100%。必须做到以下几点：

（1）将幼苗主生根剪去 1/3，栽植在营养钵（盆）中，摆放在整理好的凹畦内，盆口上平稍低于畦面（以便浇灌水、施肥）。这时顺畦浇灌透水，搭网遮阴，每天早晚各喷雾化水一次，等待幼苗萌发新芽成活后，除去遮阴网。幼苗生长期间，每隔二个月检查一次，看是否有根长出营养钵底孔，若有，应剪除，放回原地。半年或一年后营养钵内长满侧根和毛细根，苗木再次移植成活率100%。

（2）将幼苗主生根剪去 1/3，再在幼苗地迹上高 6~8 厘米处剪除，栽植在预先整理好的畦，株距 25 厘米、行距 50 厘米，随后浇灌透水。经过一二个生长期，培育成精品苗木，再次移植成活率 100%。

（3）外购冬储幼苗栽植前，用清水浸泡根系 4~8 小时。剪除主生根 1/3，在地迹上 6~8 厘米高处剪除或将轮生枝叶片全部去掉栽植，随后浇灌定根水，苗木成活率 100%。

142 带营养钵的花灌木、多年生草本宿根花卉如何栽植？

栽植花灌木幼苗和多年生草本宿根花卉，要想达到"五彩缤纷"的绿化效果，颜色合理配植十分重要，必须采用"花坛、花带、花边、花丛自然点缀，组团不规则乱栽"等形式。花灌木、草本花卉长势优劣与挖栽植坑、槽有很大关系，要求挖大坑、深沟槽，提前回填种植土，施足底肥，浇灌足底墒水，带营养钵种下，不但不影响幼苗生长，而且成活率 100%。等待 1~2 天再筑厚 3~5 厘米保墒土，不踩实、不捣实，土壤疏松、氧气充足，适应幼苗快速生长。幼苗后秋、冬季栽植要覆盖塑料地膜，提高土壤温度又保墒，为幼苗春季生长储备足够的营养物质。

143 苗木生长发育缓慢的原因是什么？

苗圃地定植或直接上绿化工程，90%苗木要经过 3~6 个月缓苗期，生长发育缓慢。究其原因有以下几点：

（1）栽植的苗木是实生苗，不是二次移植苗，即使带土球、营养钵也是表面现象,导致成活率低、生长发育缓慢。

(2)栽植的苗木不是起挖苗,而是连根拔出的苗,根系皮层脱裂损伤,拉断根尖和根毛,导致成活率低、苗木生长发育缓慢。

(3)裸根苗木根系刷蘸泥浆,有的成捆在泥浆坑里来回摆动,根系黏连一起,分栽时成一绺,失去吸收水分、养分能力,造成苗木生长发育缓慢。

(4)栽植带土球苗木、裸根苗木规格不符合质量要求,导致成活率低、苗木生长发育缓慢。

(5)降雨天不能栽植苗木,栽培幼苗虽能成活数日,但最终还会干枯死亡。栽植大规格苗木虽能成活,但生长发育缓慢或停止生长。

(6)错误修剪苗木主干轮生枝、抹芽,使苗木失去蒸腾、光合作用,导致苗木生长发育缓慢。

(7)土壤基质差(重黏土、细沙土、沙砾坚土),渗水透气性差,导致苗木生长发育缓慢。

(8)苗木定植密度大,导致通风透光弱,造成苗木生长发育缓慢。

(9)树坑不规范,造成根系扭曲,无法伸展生长,导致苗木生长发育缓慢。

(10)栽植过深,抑制苗木呼吸,导致苗木生长发育缓慢或停止生长。

(11)日常管理浇灌水次数多,根系浸泡稀泥里,温度低、缺氧,导致苗木生长发育缓慢甚至死亡。

(12)长期施用单一品牌化肥,营养不全面,导致苗木生长发育缓慢。

(13)传统栽植、浇灌水、修剪、施肥等日常管理方法守旧,导致苗木生长发育缓慢。

144 如何保障售出的大树栽植后继续旺盛生长?

大树指胸径在15厘米以上的树木。要使大树移植后继续旺盛生长,60%的责任在培育者。对大树要提前1~2个生长期分两次环沟断根,阻止根系向外(远处)扩张生根,促发更多的二三级根和毛细根。经过断根的大树,移植成活率100%,而且继续旺盛生长,增值效益高。

145 如何让旺(疯)长的果树多结果?

生长特别旺盛的果树不结果,主要原因是氮、磷、钾含量(碳水化合物)主要能源物质比例失调,花芽分化受阻,造成只长树不结果。对这样的果树最有效的办法是环剥树干和轮生枝。具体操作方法如下:

(1)位置与时间:环剥位置在树干分枝点下,环剥比例是干径的1/10。举例:树干直径 10 厘米,环剥宽度为 1 厘米,深度直达木质部。环剥过宽影响果树生长甚至死亡,过窄起不到环剥效果。环剥时间因品种而定,大多数果树在花芽分化前进行,目的是阻断营养物质输送,有利于花芽形成,提高坐果率。还可以在轮生枝距主干 5 厘米处刀口环割,有利于花芽的形成,提高坐果率。

(2)徒长枝(着生在轮生枝上的竖长枝,俗称油条枝、名箭),夏末距轮生枝上 10 厘米处扭伤(劈)折弯结扣,枝条下垂生长,使无效果枝变有效果枝。秋末将徒长枝回缩短截 2/3,次年萌发壮果枝扩大树冠,提高产量。

(3)轮生枝后半部用绳系牢,向下拉枝固定,使树冠开张,通风透光,提高产量。

(4)药物喷施:正常生长的果树用药物防落素(又名坐果灵)喷施开花部位,以喷湿为宜,不要重复喷洒。花期喷洒效果最佳,显著提高坐果率。忌高温烈日和降雨天喷施。

(5)叶面施肥:花谢后,用 0.06%～0.12% 的磷酸二氢钾喷施树体,重点喷施坐果部位防止落果,并且促进果实丰硕肥大、形整色润,产量高。

(6)如何提高果树产量:俗话说"满树花半树果、半树花满树果",意思指"疏花掐果"。叶片至少保持 15～25 片供养一个果,果子大,色泽好,产量高。

(7)要想果子品相好,挂果期不受鸟类侵食是关键,现介绍两种办法:①采用药物—驱鸟剂(分装小瓶)挂在树上,特殊的气味(长效)驱赶鸟类效果好。②推荐"绿园牌"智能语音驱鸟器,安装在果园,驱鸟器播放电子高保真的鸟类悲哀、恐惧、愤怒等 8 种声音,达到驱赶鸟类效果。比老办法遮天网阻挡鸟类省工省时降低成本。

146 氮肥、磷肥、钾肥在苗木花卉生长发育过程中的作用是什么?

俗话说"苗壮苗弱在于肥"。肥料是苗木花卉速生的基础,要使苗木花卉花繁叶茂,应合理施肥,满足苗木花卉生长发育所必需的营养成分,充分发挥苗木花卉各种生理功能。氮肥、磷肥、钾肥在苗木花卉生长发育过程中需要量较大,因此称"三要素",缺一不可。若缺失,苗木花卉就生长不好,就会出现病态。氮肥、磷肥、钾肥的主要作用如下:

(1)氮肥的主要作用是促进苗木花卉的干、枝、叶生长茂盛。增施氮肥可以促进叶绿素的形成、增强光合作用,促进干、枝、叶营养器官生长发育。

(2)磷肥的主要作用是促进苗木花卉的开花、结实,并使花形丰满、花色艳丽。增施磷肥可加速苗木体内养分的积累和转化,促进细胞分裂和生殖器官的形成,防止落花落果,增强苗木花卉抗旱、耐寒能力。

（3）钾肥的主要作用是促进苗木花卉的根系健壮发达、干茎粗壮坚实。增施钾肥增强光合作用，促进碳水化合物的形成，提高苗木花卉抗旱、耐寒及抗病虫害能力。

（4）有机肥是提高苗木花卉速生丰产的基础。有机肥（人粪尿、沤绿堆肥、厩肥、草木灰、饼肥）营养全面，含有大量腐殖质，可改良土壤结构，使土壤疏松，提高土壤肥力，增强土壤保水、渗水、透气能力，冬、春二季提高土壤温度，还有提高土壤对酸碱度变化的缓冲功能。

147 **如何选择化肥品牌？氮、磷、钾含量各是多少？**

氮肥品牌：尿素含氮量为45%～46%，硫酸铵含氮量为20%～21%，碳酸氢铵含氮量为16%～17%。磷肥品牌：过磷酸钙含磷量为16%～18%，磷酸铵含磷量为46%～52%。钾肥品牌：硫酸钾含钾量为48%～52%，氯化钾含钾量为50%～60%。复合肥又称"综合肥"，养分深厚、肥效高，常用品牌有磷酸一铵、磷酸二铵、硝酸钾、磷酸二氢钾等，可作基肥、种肥、追肥。

另外推荐国光牌"钾肥"结晶体，纯度高，含钾量占98%，稀释后可作喷施、流施、滴灌施、灌根施，效果极佳。

148 **苗木花卉生长发育期氮肥缺少时表现特征有哪些？**

苗木花卉生长发育期氮肥缺少时表现为苗木花卉矮小瘦弱、叶小而少（成淡绿色或黄绿色），生长缓慢，开花不良，种子变小等。

149 **苗木花卉生长发育期氮肥施过量时表现特征是什么？**

苗木花卉生长发育期氮肥施过量时表现为：苗木花卉叶色浓绿、多汁柔软，枝条徒长，对病虫害缺乏抵抗力。由于营养过盛，花少而迟，种子成熟晚。严重时出现苗木烧伤、烧死等。

150 **苗木花卉生长发育期磷肥缺少时表现特征是什么？**

苗木花卉生长发育期磷肥缺少时表现为：苗木花卉根系不发达，生长缓慢，叶色暗绿、无光泽。严重时枝条退化，枝短叶小，开花晚，种子小，抗旱、耐寒性差等。

151 **苗木花卉生长发育期磷肥施过量时表现特征是什么？**

苗木花卉生长发育期磷肥施过量时表现为：苗木花卉营养生长受到抑制，

早衰,叶质变脆,种子过早成熟,严重时出现叶片失绿、变黄等。

152 苗木花卉生长发育期钾肥缺少时表现特征是什么?

苗木花卉生长发育期钾肥缺少时表现为:苗木花卉光合作用降低,生长缓慢,茎枝柔弱,叶片小。严重时叶片发黄变褐色,出现卷曲似烧焦等。

153 苗木花卉生长发育期钾肥施过量时表现特征是什么?

苗木花卉生长发育期钾肥施过量时表现为:对苗木花卉生长发育有阻碍作用,出现生长缓慢、植株矮小等。

154 苗木花卉生长发育过程中如何施肥?

俗话说"庄稼一枝花,全靠粪当家",苗木花卉也是一样。肥料是苗木花卉速生丰产的基础,施肥是调整苗木花卉营养的重要措施。要使苗木花卉叶茂花繁,就要合理施肥。苗木花卉吸收营养主要靠根部,所以施肥尽可能施在根部附近,那里是二三级根、毛细根大量生长的地方,此时肥效最快。具体施肥方法如下:

(1)撒肥:在苗木花卉生长季节,最好是阴天下雨前将肥料均匀撒在田里,提供苗木花卉需要的营养称"撒肥"。

(2)坑肥:栽植苗木花卉前将少量肥料施在坑底,或根部附近挖小坑施入肥料称"坑肥"。

(3)条肥:在苗木花卉行间开长沟,将肥料施入称"条肥"。

(4)层肥:为了满足苗木花卉各发育阶段营养的需要,在整地时把少量肥料施在土壤表层,供给幼苗初期的营养需要。大部分肥料施入土壤底层,供苗木花卉后期的营养需要称"层肥"。

(5)环肥:在苗木花卉根部附近挖一圈沟,将肥料施入称"环肥"。

(6)流肥:利用浇灌水机会,将人粪尿、稀薄饼肥、化肥溶解后随流水施入称"流肥"。

(7)喷肥:是用无机肥料稀薄溶液喷洒在叶片上,肥力通过叶片上的气孔被苗木花卉吸收利用称"喷肥"。特别提醒苗圃管理者:有机肥施在秋、冬、春三季,最好施做底肥。无机肥施在夏季。施肥的原则是:勤施少量、替换施用。

155 桂花树生长发育过程中施什么肥料? 如何操作?

桂花树又名木樨。属常绿小乔木、传统香花,为我国十大名花之一。生长习性喜阳光、温暖、湿润,适宜在排水良好、疏松肥沃的土壤生长。根据实地观察,大多数管理者经常给桂花树施用化肥,漫灌水次数多,造成土壤板结、透气性差、潮湿、缺氧、温度低,导致桂花树生长缓慢,严重的出现叶片退绿、发白、反卷、落叶甚至枯死现象。桂花树最适宜的肥料是有机肥(人粪尿、厩肥、沤绿堆肥、饼肥),还可经常施一些黑矾,它所含营养物质全面,可改善土壤结构,使土壤疏松、透气,增强保水保肥能力,冬、春二季又能提高土壤温度。具体施肥时间为秋、冬、春三季。施肥办法为:条沟施肥、环沟施肥、流水(浇灌)施肥。在春季生长发育旺盛期,叶面喷施 0.5%~0.8% 黑矾,可促进叶色浓绿光亮。桂花树花期为仲秋,花簇生叶腋,成聚伞状花序。颜色有黄色、白色、红色、褐色,多次开花延续到 11 月。

桂花

　　针对桂花树生长习性,推荐助桂花树生长的专用药物——生长灵。它渗透能力强,易被根、茎、枝、叶吸收利用,有效提高桂花树细胞活性,增加叶绿素含量,促进根系健壮发达,提高抗病、抗旱、抗逆能力。休眠期施用能快速萌芽,生长期施用干径明显增粗(该药物同样适用其他苗木),达到枝繁叶茂的效果。

园林绿化 300 问

第四章

苗木采购与运输

156　什么是合格苗木？

合格苗木指既达到设计的外形(苗木清单)要求,又达到预算规定的内在质量的苗木,并具备两证一签(林木种苗生产经营许可证、植物检疫证、林木种苗标签)。

157　采购苗木工作人员一般职责是什么？

(1)掌握苗木信息,了解市场行情,脚踏实地深入苗圃地头查看苗木长势,有无病虫害及枝残、缺损现象。确认苗木规格是否符合要求,应逐棵进行挑选,用自喷漆做出明显标记,将标记喷在树干或枝叶向阳面。

(2)现场跟进起挖苗木,严格操作程序,按标准包装。随时按施工技术要求定干、截枝缩冠、修剪根系,及时用药物涂抹伤口。

(3)装车时按合同约定校对品种、规格、数量。带土球苗木细心检查土球规格是否合格、包装完整,有无假土球、残损球。裸根苗木查看根幅直径是否合格,根系有无破损、劈裂现象。带土球苗木装车,土球在前、树冠在后,交错排列,码放紧密不晃动。裸根苗木装车,根前梢后,按顺序码放,苗木不超高、超宽,枝梢不拖地,然后进行车体严实包装。采购人员押车到施工现场,进行苗木交接。

(4)起挖出的苗木不要长时间风吹日晒,若不能及时运出,应在原树坑掩埋或集中假植。

158　什么叫苗木运输？

把起挖出的苗木进行合理包装,并运到栽植施工现场的过程称"苗木运输"。苗木运输要办检疫证。

159　苗木装车前必须做好哪些工作？

(1)按合同约定校对品种、规格、数量。

(2)对带土球苗木仔细检查土球规格是否合格,有无破损、假土球,若发现不合格,严禁上车或更换淘汰。

(3)对裸根苗木查看根幅直径是否合格,根系有无残损、劈裂现象,若发现不合格,严禁上车或更换淘汰。

160　苗木装车、卸车应注意什么？

苗木装车前,首先按合同检查验苗,核对所运苗木品种、规格、数量和到货地址。裸根乔木装车根朝前、树梢向后,按顺序排放。高不超过地面,车轮到苗最高为 4 米。带土球苗木装车,苗高不足 2 米者可以立装。大土球苗木上车,土球在前、树体在后,倾斜倒放,用土袋垫高,再用绳将树干与车体系牢紧固。土球直径大于 70 厘米以上的可以码放 1~3 层,土球直径小的可以码放 6~7 层。土球之间码放排列紧密,防止晃动。卸车时先将围拢树冠的绳解开,裸根苗木按从上到下、从后到前的顺序卸下,不准乱抽乱取,更不准提拉枝梢及包装物。大土球苗木用起重机械卸车,卸车后对残损枝进行修剪。

161 苗木运输过程中的要求是什么?

苗木运输过程中经常发生枝、叶、根系被吹干,干、枝折断、皮层磨损严重,为此要特别注意保护。为使苗木在运输过程不丢失,树体免受人为机械损伤,根系、枝叶不失水、不冻伤,干枝不折断、不磨损,车体外必须用篷布严实包装。高温季节装车时苗木喷洒药物——蒸腾抑制剂,做到运输途中苗木不发热、叶片不腐烂。酷暑夏季苗木运输用封闭厢车,车内放冰块降温。大树运输用托挂平板车,无法用篷布包装,这时用蒸腾抑制剂喷洒树体防止水分蒸发。

162 何谓检疫苗木? 目的是什么?

检疫苗木是指国家、地方政府颁布法令,设立专门机构,对调运苗木进行管理控制和检验检疫,防止危险性病虫害的传播和蔓延,将局部地区发生的危险性病虫害封锁控制在一定范围内,防止传播到外地扩大疫情。

163 起挖、运输、栽植苗木、花卉、草类过程中合理损耗率是多少?

乔木、灌木损耗率为 1.5%,绿篱、攀附苗木损耗率为 2%,木本花卉损耗率为 4%,草本花卉损耗率为 10%,草坪草类损耗率为 4%。

园林绿化 300 问

第五章

绿化苗木栽植

164　树根的作用、功能是什么？

树根是树木最重要的组成部分,根是树木生存的根基,栽树就是养根。主根、侧根、二三级根上长满了毛细根。根系的长度是树冠的 3~4 倍,它有吸收周围土壤水分、营养的作用。根还有支撑、稳固树体,输送、储存水分、营养物质及繁殖功能。

165　树干的作用、功能是什么？

树干由皮层、韧皮层、形成层、木质部组成。树干有输导、支撑、储存、繁殖的作用。还能把根系所吸收的水分、营养物质输送到枝、叶、花、果、种子中,由于形成层强烈的分裂作用,使树干逐年增粗。

166　树叶的作用、功能是什么？

树叶是苗木进行蒸腾、光合、呼吸作用的重要器官。叶面还具有吸收肥料的作用,还能吸收、传输农药,达到消灭病虫害的目的。

167　水在苗木生长发育过程中的作用是什么？

俗话说"水是苗木的命"。水是苗木原生质的最重要组成部分。在水分充足状态下,苗木才能进行细胞分裂、生长、代谢等活动。土壤中的营养物质必须溶解于水,才能被苗木吸收并保持一定健壮姿态。水是苗木生理过程中的必要条件,水又是蒸腾、光合作用的原料之一。苗木集合了三种力量(根压原动力、木质部内聚力、蒸腾量拉力)才把几米甚至几十米深的地下水输送到每一片叶片上。夸张地讲,"每棵树就像一台抽水泵"。根据有关资料数据,树干、枝含水量是 50%~60%,叶片含水量是 70%~80%。苗木在生长过程中要形成 1 千克干物质,需要蒸腾 300~400 千克水分。

168　水涝对苗木生长发育有多大危害？

俗话说"水多苗木必送命"。降雨、降雪、浇灌后有积水现象称"水涝"。水涝对苗木危害极大,土壤积水排斥了土壤空隙中的氧气,使土壤中积累过多的二氧化碳及有机酸,形成浓酸中毒,造成根系腐烂、苗木死亡,俗称"淹死"。

169　干旱对苗木生长发育有多大危害？

俗话说"水少苗木活不成"。天气炎热、无降雨,土壤极其干燥,栽植苗木又没浇灌透水。苗木体内水分亏缺严重,细胞组织也因失水萎缩、枝条软垂、叶片萎蔫,这种现象称"凋萎"。凋萎分两种情况:一种是暂时性凋萎,另一种是永久性凋萎。缺水时首先死去的是毛细根,吸水器官死亡就不能吸收水分。长久的凋萎不能恢复苗木原状态,这时苗木缺水死亡是不可避免的,俗称"旱死"。

170 苗木生长发育过程中土壤最佳含水量是多少?

水是土壤的重要组成部分。土壤的水分主要来源是降雨、降雪与浇灌水。控制土壤含水量的方法有:排水、浇灌、耕地、耙地、锄地、多施有机肥等措施。测试土壤含水量的简易办法为:将土用手紧握成团,抛落地上是散土,这时土壤含水量是 30%~40%,不干不湿,土壤团粒结构疏松,透气,氧气充足,最适合苗木生长发育。土团抛落地上是泥团,含水量大,不适宜苗木生长发育。

171 苗木生长发育最理想的土质是哪类?

土壤质地可分为沙土、黏土、壤土三类。土壤不断供给苗木生长发育所需要的温度、水分、营养、氧气等,选择好土质是关键。壤土既不太疏松,又不太黏重,并有沙土和黏土的优点。壤土透气性好,保水、保肥能力适中,便于耕作,是园林绿化最理想的种植土。

172 大部分苗木能适应微酸、微碱性土壤的生长环境,测试酸碱度的简易方法是什么?

土壤酸碱度直接影响苗木对营养的吸收,它对土壤肥力与苗木生长关系极大,过酸过碱危害苗木生长。喜酸性或耐酸性苗木品种有茶花、杜鹃、油桐、金钱松、桤子、红檵木、枸骨等,喜碱性或耐碱性苗木品种有柽柳、泡桐、大叶女贞、枣树、乌桕、栾树、杞柳等。酸碱浓度过高会产生毒害,根系吸收水分、营养受阻,苗木体内的叶绿素含量降低,影响光合作用,减少碳水化合物(葡萄糖)的形成,造成苗木凋萎死亡。测试土壤酸碱度的简易方法为:取土粒少许(黄豆粒大)放在容器内,加上一点干净水(蒸溜水),将土粒搅拌混匀、澄清后,把蓝色试纸(医化店有售)浸在清水液中,如试纸变为红色,土壤就是酸性;把红色试纸浸在清水液中,如试纸变为蓝色,土壤就是碱性;若都不变色,土壤就是中性。

173 如何改变土壤的酸碱度适应苗木生长?

强碱强酸土壤对培育苗木十分有害,它直接影响土壤肥力,使根系吸收水分、营养受阻,造成苗木长期凋萎死亡。合理使用化肥可以改变土壤酸碱度。例如:碳酸钙、硝酸钙、钙镁磷、有机肥料(人粪尿、厩肥、绿沤堆肥、草木灰)等,改变土壤酸性效果好;硫酸铵、过磷酸钙、磷酸钙、硫酸钾、氯化钾、黑矾、植物油饼等,改变土壤碱性效果好。

174 不同立地条件适应栽植苗木的品种有哪些?

(1)选择适应山地、坡地的苗木品种条件:具备深根性、根系发达、分蘖性极强、网络固土、抗严寒、耐高温、抗旱、耐瘠薄适应性强的品种。

落叶乔木品种例如:刺槐、国槐、三(五)角枫、核桃、乌桕、楝树、黄栌、榆树、山桐子、辛夷、白蜡等。

常绿乔木品种例如:侧柏、大叶女贞、火炬松、刺杉、黑松、枳壳、河南桧柏、云杉、白皮松、油松、火炬松等。

经济林品种例如:枣树、柿树、核桃、石榴、木瓜、山楂、杏树、板栗、猕猴桃等。

(2)选择适应平地、凹地、河滩地苗木品种条件:耐严寒、抗热、耐干旱、不择土壤、速生、南北皆宜的广普品种。

落叶乔木品种例如:柳树、重阳木、马褂木、法桐、椿树、栾树、楸树、稠李、枫杨、七叶树、泡桐、梧桐、合欢、复叶槭等。

常绿乔木、灌木品种例如:枇杷、棕榈、香樟、大叶含笑、雪松、蜀桧、木兰、广玉兰、大叶女贞、石楠、法青、桂花树、枳壳、金合欢、火棘、栀子、扶芳滕、金森女贞、蚊母、十大功劳、小叶女贞、海桐、黄杨、北海道黄杨、夹竹桃、粗榧、八角金盘等。

大叶女贞

夹竹桃

175 乔木、灌木、高绿篱栽植的区别有哪些?

乔木在园林绿化中应用广泛,生态效果好,经济效益占最大份额。乔木体形高大、枝叶茂密、根系深广。在城镇绿化中能有效地调节温度、湿度,还有防风、吸尘、杀菌、减弱噪声等功能。尤其是在炎热的夏季,行道树让人感到凉爽舒适,有些乔木还盛开鲜艳的花朵,例如:辛夷、大叶女贞、栾树、合欢、广玉兰、大叶含笑、木兰、红花槐、紫黄白玉兰等,为城镇景观增添无限风采。灌木造型各异,彩叶、鲜花常开不败,利用它们栽植色块、色带景观,带给人们一种美的享受。绿篱指栽植排列紧密有序的篱笆。有不经修剪自然式的树墙灌木品种,例如:夹竹桃、法青、卫矛、北海道黄杨、海桐、火棘、石楠等,四季常绿,春、夏两季有花,秋、冬两季有红果,根基分蘖能力极强,将建筑物遮挡得严严实实,管理粗放,生态景观效果特别好。修剪整形成 160 厘米以上的称"绿墙",修剪整形成 120 厘米以上的称"高绿篱",用于分隔区域。

176 苗木栽植成活率低的原因是什么?

国家规定城镇绿化、平原地区造林成活率为 95% 以上,山区造林成活率为 85% 以上,干旱沙漠地区造林成活率为 75% 以上。苗木栽植成活率低的原因如下:

(1)栽植的是实生苗,主根粗长,无侧根、二三级根、毛细根,造成苗木死亡。

(2)裸根苗木根系规格不符合要求,造成苗木死亡。

(3)裸根苗木根系劈裂、破损严重,导致病菌侵染,根系腐烂,造成苗木死亡。

(4)裸根苗木栽植前,根系劈裂、破损未修前,未用药物处理,病菌浸染,根系腐烂,造成苗木死亡。

(5)带土球苗木是假土球,造成苗木死亡。

(6)带土球苗木的土球规格不符合要求,造成苗木死亡。

(7)带土球苗木的土球破损(散),造成苗木死亡。

(8)带土球苗木栽植前,包装物未清除,造成草绳积水,高温发酵、根系腐烂,苗木死亡。

(9)树坑不规范,口大底小,苗木悬空栽植,造成死亡,俗称"吊死"。

(10)回填土是重黏性土、深层土、湿泥土或土块不实有空隙,造成晾根,苗木死亡。

(11)栽植地(坑)是深层土、重黏性土、沙砾石、岩石,与土球、根系接触后根系无法延伸生长,造成苗木死亡。

(12)多年生下山松柏树,未经苗圃培育直接上工程,相应的技术措施不到位,靠自身养分萌发新芽,造成假活现象,半年后仍然死树。

(13)秋末冬初时假植(储备)的乔木、高干花灌木,树体水分充足、皮层翠绿,春季栽种出现不萌芽,造成假死现象,未采取技术措施,便成永久性死树。

(14)阔叶树栽植前未剪枝疏叶,刮风摇摆,蒸腾量大,造成苗木脱水死亡。

(15)苗木栽植前未按技术要求修剪(截)定干,形成树冠偏重,出现倾斜倒伏现象,造成断根、折曲根、晾根,苗木死亡。

(16)起挖苗木、运输、栽植时间长,根系被风吹日晒,一旦毛细根干枯,就失去吸收水分、营养功能,造成苗木死亡,所以要懂"树死根先死"的道理。

(17)苗木栽植时未浇灌透水,满足不了苗木需求,生长差,出现临时性萎蔫、缺水时间长,超过苗木所能忍耐限度,造成苗木死亡,俗称"旱死"。

(18)带土球苗木栽植时随即浇灌透水,造成散球,根系与土壤分离,苗木萎蔫数日死亡。

(19)带土球苗木、裸根苗木栽植后浇灌水太勤,造成根系浸泡在低温的泥浆里,不生新根,靠自身养分维持数日死亡。

(20)苗木栽植后浇灌水次数太多,根部积水,聚积大量二氧化碳和有机酸,造成苗木缺氧中毒死亡。

(21)秋季雨水多,苗木旺长,组织不充实,未形成木质化,不利于越冬,造成冻伤,苗木死亡。

(22)栽植带土球苗木时,普遍出现浇灌水方法错误,刮风树体晃动,土球散裂,根系与土壤分离,不生新根,最终苗木死亡。

(23)使用化工单位排放的污染水浇灌苗木,破坏了苗木正常的新陈代谢,造成苗木死亡。

(24)苗木未按生理习性或者没有适时、适地、适树进行栽植,造成苗木死亡。

(25)冬季栽植的苗木规格小,未形成木质化,容易造成冻伤死亡。

(26)栽植坑太深,覆土过厚,缺氧,造成苗木死亡,俗称"闷死"。

(27)苗木高栽(微地形)筑水圈多次浇灌透水,根系下半部泡在低温泥浆里易沤坏,造成树干上部枯死,下部萌芽生长。

(28)裸根苗木栽植时,根系与回填土结合不实,出现根盘底架空,根系与土壤分离,不生新根,造成苗木萎蔫死亡。

(29)苗木栽植时回填土密实度低于原生土,导致根部积水,造成苗木缺氧窒息死亡。

(30)苗木栽植时回填土和保墒护树土夯实、踏实、捣实,出现土壤板结。刮风树干晃动时土壤不能自动填充,地迹处围孔越晃越大,根系与土壤分离,不生新根,造成苗木萎蔫干枯死亡。

(31)冬季裸根、带土球苗木栽植时没采取防寒措施,造成根系冻伤,苗木死亡。

(32)苗木自身病害(根癌病、茎腐病)造成苗木死亡。

(33)苗木自身虫害(天牛、介壳虫、吸浆虫、刺蛾)危害极大,严重时全株死亡。

(34)地下害虫(地老虎、蝼蛄、线虫、蜗牛)咬食地迹以下根系,切断水分、养分供给,造成苗木萎蔫干枯死亡。

(35)苗木栽植时立地条件差易死亡。例如:建筑垃圾、生活垃圾、混凝土搅拌场地、石灰坑、路基、墙基、碎砖乱石等。

(36)栽植地土质差,未扩坑、未换种植土,造成苗木死亡。

(37)苗木栽植地属强酸、强碱土壤,根系吸收水分、营养受阻,造成苗木萎蔫死亡。

(38)栽植地被有害、有毒物质污染过,破坏了苗木正常的新陈代谢,造成苗木萎蔫死亡。

(39)栽植地周围有化工厂、砖厂、陶瓷厂、盐厂,产生的二氧化硫、氟化氢、氯气、氨气、苯等有害气体侵染叶片,导致叶片发黄、变枯焦,造成苗木死亡。

(40)栽植大规格苗木时未搭支撑、架拉线,树体晃动,根系与土壤分离,不生新根,造成苗木死亡。

(41)苗木栽植在山坡、丘陵、岩石等地,虽凿坑换土,但浇灌水、降雨造成树坑积水,聚积了大量二氧化碳,有机酸浓度增高,造成苗木缺氧中毒死亡。

(42)给苗木补充营养,例如:打吊针、施肥过剩,生长周期被人为打乱,造成苗木死亡。

(43)炎热的夏季栽植苗木未使用蒸腾抑制剂,未采取保湿降温措施,造成苗木脱水死亡。

(44)在春、秋低温情况下给苗木喷洒蒸腾抑制剂,造成控根、抑芽,苗木死亡。

(45)大树栽植与原方位朝向错位,不适应新环境,出现日灼病,生长缓慢甚至死亡。

(46)冬季苗木栽植未采取防寒措施,造成苗木死亡。可采取刷喷涂白剂、浇灌防冻剂、树干缠草绳包塑料薄膜等措施。

(47)商户(修理车辆)门前、道口、路边栽植的苗木被人为、牲畜破坏,产生机械损伤,造成苗木死亡。

177 栽植同样是营养钵培育的石楠幼苗,南方的成活率高,当地的成活率低,原因是什么?

主要是苗圃管理者简化了操作培育程序。南方苗圃管理者将石楠插条扦插在营养钵内,排列在高埂大田地里,间隔两个月检查一次,将长出营养钵底孔的主根剪除,到幼苗出售时,营养钵内长满了侧根和毛细根。它的根系比当地营养钵幼苗根系多30~40倍,因此南方营养钵幼苗成活率高。经验证实,带营养钵栽植不会影响幼苗生长发育,而且成活率100%。当地营养钵培育的幼苗侧根、毛细根极少,主根入土深,吸收水分、营养充足,生长速度快,干壮分枝多,叶色艳丽,商品价值高。起苗时主根被切断,幼苗失去水分、营养供给,栽植后再浇灌水也无济于事,苗木死亡是必然的。

178 为何说"根据苗木品种、生理习性,适时栽植是成活的关键"?

(1)枇杷树最佳移植时间是3~10月。栽植前保持树姿,适当剪去下枝及内膛枝、弱枝、枯枝,成活率100%。枇杷树千万不能截干、锯枝栽植,否则生长衰弱,5~7年很难恢复观赏树形。桂花树最佳移植时间是4月底至5月底。栽植前剪去枯枝、内膛枝、弱枝及冠幅外徒长枝,将会继续生长开花,成活率100%。错过这个时间栽种的桂花树,有可能出现当年或3~4年不开花现象。

(2)三(五)角枫树最佳移植时间是11月至12月中旬,截干栽植成活率100%,栾树最佳栽植时间是11月至次年4月初,截干栽植成活率100%。

(3)刺槐、枳壳、枣树、铁篱寨、花椒、皂荚、刺梅、枸骨、火棘、紫叶早樱、椤木石楠、棠梨树最佳移植时间是4月初(萌芽1~2厘米),栽植前适当修剪,控制树形成活率100%。

(4)香樟树最佳移植时间是3月底(萌芽)至6月底,这时截干香樟树成活率100%。回苗圃培育7~8个月的香樟树移植,起挖时土球直径大于原土球20厘米,新生根系完整无损,移栽时采取相应的保温保湿措施,成活率100%。广玉兰树最佳移植时间是4月中旬至5月中旬。栽植前将病枝、弱枝、枯枝、内膛枝、

香樟

重叠枝剪去,通风透光,减少风的阻力,继续生长成活率100%。广玉兰树千万不能截干、锯枝、深栽,这样操作长势衰弱,6~8年很难恢复观赏树形。

(5)柳树最佳移植时间是12月至1月,截干深栽成活率100%。杨树最佳移植时间是3月,深栽成活率100%。银杏树、海棠树最佳移植时间是11~12月至次年3~5月,栽植前适当疏剪树冠,成活率100%。

(6)雪松、柏树类品种最佳移植时间是3月下旬至4月中旬,浅栽,雾化树冠成活率100%。另外7月底至8月初梅雨季节湿度高,此时松柏类品种有一段短暂休眠期,移植成活率高。

179　苗木栽植过程对今后长势有直接影响,应注意哪几方面?

(1)栽植坑小,锅底坑,根系扭曲不伸展,影响苗木生长发育。

(2)苗木栽植过深,覆土过厚,导致根系呼吸不畅,影响苗木生长发育。

(3)苗木栽植浅,造成经常性缺水,影响苗木生长发育。

(4)修剪苗木没按技术要求操作,盲目修剪,影响苗木生长发育。

(5)苗木栽植密度大,通风采光不好,影响苗木生长发育。

(6)苗木栽植没按原方位阴阳面定植,满足不了光照背阴需求,影响苗木生长发育,容易产生日灼病。

(7)苗木栽植地理环境差,粉尘、烟尘、灰尘叶片滞留过多,造成蒸腾、光合作用受阻,严重影响苗木生长发育。

(8)裸根苗木栽植回填土过半时,向上提(拔)树干,严重影响苗木生长发育或停止生长。

(9)降雨天不能栽树,根系黏连一起,回填土是泥,严重影响苗木生长发育。

(10)苗木栽植时回填土,保墒护树土堆捣实、踩实、夯实,造成土壤板结,透气性差,影响苗木生长发育。

(11)苗木栽植地是重黏土坑,回填土又是潮湿泥土,严重影响苗木生长发育。因为土壤的空气含量对苗木生长影响极大,土壤团粒结构孔隙间,在没有水的情况下充满了空气。在通气不畅的潮湿泥土里二氧化碳、有机酸大量聚集,而氧气含量很低。疏松土壤所产生的二氧化碳可以排除,氧气不断地进入土壤。苗木要想得到充足的氧气,必须做到:日常增施有机肥料,改造土壤团粒结构,促使土壤疏松,有利于气体交换。浇灌水、降雨后要及时耕作松土保墒,低洼地及时排水避免积涝。

(12)苗木移植成活后树干萌发很多枝条,及时剪除枝条会影响苗木生长发育,应充分发挥枝条叶片的蒸腾、光合作用。萌发部位不当的枝条入冬前剪除。

180　如何判断苗木栽植是否成活?

(1)苗木栽植 15~20 天,观察叶片是否变绿,枝头是否萌发新芽。

(2)观察干枝、皮层的颜色鲜艳度,是否水分饱满,呈翠绿色。

(3)观察干枝、皮层是否出现鼓泡、皱褶、萎缩、干枯现象。

(4)在接近根系外,掏洞观察根系是否长新根,是否发黑、发霉、有腐烂现象。

(5)最终判断成活的标准:苗木能否越过炎热酷暑的七八月份,若能保持旺盛长势,便是永久性的成活。

181　什么是苗木栽植假活现象?

假活现象指树体靠自身养分发了芽,但根部没有生新根,过段时间树体养分耗尽,苗木枯萎死亡。

182　什么是苗木栽植假死现象?

假死现象指树体养分、水分饱满,皮层颜色翠绿,既没萌新芽也未生新根就误认为苗木死亡。假死的苗木后期通过补足水分,使土壤与根系紧密结合;树干缠绕草绳注水保湿;另外采取锯末、稻麦糠、地膜覆盖根部,提高土壤温度,就会生新根、萌新芽。如果不及时采取技术措施,就有可能成为真正的死树。

183　苗木栽植施工程序包括哪些内容?

一般分为现场准备、定点放线、起挖苗木、运输、假植、挖坑、栽植、养护等内容。

184　苗木起挖前的准备工作有哪些?

(1)选择苗木:起挖前必须对苗木进行严格挑选,在选好的苗木干或叶片上喷涂颜色、挂牌、拴绳,做出明显标记。

(2)土地准备:起挖前要调整好土壤干湿度,特别是竹子需浇灌透水。

(3)拢冠:一些苗木分枝点低、丛生、主侧枝伸展,例如:雪松、白皮松、紫荆、木槿、夹竹桃、红瑞木、连翘、迎春、芙蓉、探春等品种,凡 1 米以上的丛生花灌木、球类,起挖前用草绳将蓬径围拢捆绑,松紧适度,以便起挖。

(4)工器具材料:备好起挖苗木的工器具和材料,工具要锋利适用,材料要对路,打包用的草绳要浸水湿润,增强韧性。还需常用药物、吊装机械、运输车辆等。

185　何谓起挖苗木?

起挖苗木指将苗木从原生地连根(裸根苗木、带土球苗木)起出的操作全过程。正常生长的苗木根系与土壤紧密结合,地下与地上部分生理代谢平衡。由于起挖根系与原土壤的密实关系被破坏,大部分吸收水分、营养的根系被切断遗留在原地,根部与树干、枝、叶代谢平衡也被破坏。因此,起挖苗木的质量是栽植成活的关键。

186　裸根苗木起挖质量要求是什么?

落叶乔木起挖规格是苗木地径的 10~12 倍的 1/2 为半径画圆,花灌木以株高 1/6 或 1/4 为半径画圆。沿圆外垂直向下挖一定宽度和深度,如遇侧粗根用手锯锯断,切忌强按树干截砍,以免造成根系劈裂。全部切断根系后放倒苗木,抬出坑外,用带尖木棒或三齿耙在土球侧面捣(刨)土,这样操作避免损伤侧根、二三级根、毛细根。对已劈裂、残损的断根应进行修剪,涂抹消毒药物。起出的苗木根系不要受风吹日晒,若不能及时栽植或运出,应在原坑或集中用碎土(篷布、草帘)将根部覆盖,时间长要适量喷水保湿。

187　带土球苗木起挖质量要求是什么?

带土球苗木起挖总的要求是:土球规格要符合规定。保证土球完整、外形美观、捆扎牢固、球底严实。具体操作办法如下:

(1)起挖前第一步需铲除地颈周围表层土(称"无效土")。其厚度见有侧根为限,不仅能保证土球完整性,减轻重量,避免深栽,更是栽植后根系透气性的保证。

(2)常绿乔木土球规格是苗木地径的 8~10 倍的 1/2 为半径画圆,土球厚度是土球直径的 2/3。常绿带土球花灌木以株高 1/6 或 1/4 为半径画圆,土球厚度为土球直径的 2/3。

(3)起挖土球:沿圆线外向下垂直挖环形沟,宽 60~70 厘米,以方便操作为宜,一直挖到规定(侧根下)的土球厚度。

(4)修整:用铁锹将土球表面轻轻铲平,上边稍大、中间垂直、下部稍小,土球呈苹果形状。

（5）掏底：直径小于 70 厘米的土球可直接将底土掏空，以便将土球抬到坑外进行包装。土球大于 70 厘米，要保留中心土柱用于支撑树体（同时架拉线做支撑），以便坑内进行包装。

（6）包装：先给土球扎腰箍数道，然后任选一种包装法，例如：五角包、橘子包、井字包、米字包等。最好选择"米"字包，结实牢固、省材料。

188 如何使用草绳缠绕土球？

用草绳先给土球缠腰箍，使土球坚固不破裂。缠腰箍时要一圈圈横扎，腰箍宽度依土球厚度确定，最窄不低于 12 厘米。缠绕时将草绳拉紧紧贴土球，同时用木棒或砖块敲打草绳，使草绳嵌在土球上不脱落，每根草绳应紧密相连，严实不露土。再用草绳从地颈向上缠绕树干至分枝点，避免吊装、运输、卸车时损伤树皮，同时也起到夏季树干保湿、防止日灼病，冬季防寒的作用。

五角包缠绕顺序（平面）

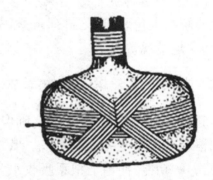

五角包缠绕顺序（立面）

189 裸根幼苗包装如何操作？

裸根苗木包装的目的：缩短裸根晾晒时间、保持根系湿润不干燥。起挖幼苗时，一定带自然泥土（根系不沾浆），将数株捆扎装进潮湿蒲包、草袋内，然后用绳将袋口与地颈上方扎牢。还可以将数株捆扎用保鲜膜包裹根系，码放纸箱或塑料筐里。

190 胸径 6 厘米以下带土球苗木如何用编织袋包装？

根据实地观察，干径、胸径 2~6 厘米带土球苗木，起挖者都是用草绳或塑料绳捆扎，个别用塑料袋包装，效果都不理想，容易造成散球、裸根现象，栽植成活率低。如何用编织袋（无纺布袋）包装带土球苗木？具体操作办法如下：

根据土球规格,可分别制作直径 25—35—45—55 厘米,高(深)分别是 40—50—60—70 厘米的圆口袋。把带土球苗木装入口袋内,周围空隙填土捣实,然后用绳将袋口与地颈上方扎牢,装车时排列码放。这样做保证了土球质量,栽植成活率 100%,又省工、省时,编织袋可回收重复使用。

191 带营养钵的花灌木、多年生草本宿根花卉起挖、包装的要求是什么?

起挖带营养钵的花灌木、多年生草本宿根花卉,重点是营养钵内土壤干湿程度,它直接影响到幼苗生长速度和观赏效果。潮湿的泥土含水分多,运输车辆途中颠簸晃动,造成潮湿泥土变成死泥团,幼苗根系黏连、扭曲一团,根系失去吸收水分、营养的功能。栽植幼苗虽能成活,但是生长发育缓慢。所以,起挖营养钵幼苗要视土壤墒情,"宁干不能湿"。具体包装方法如下:

(1)带营养钵的落叶花灌木、多年生草本宿根花卉没返青、萌芽前用编织袋包装上车,排列堆放,节省空间,装载数量多。

(2)带营养钵的常绿花灌木、多年生草本宿根花卉已返青、萌芽、开花,用纸箱或塑料框包装上车,排列重叠码放,不会损伤幼苗枝叶,既保证了栽植质量,又满足了观赏效果。

192 常绿树、名贵树(非植树季节落叶树)移植为什么要带土球?

起挖带土球苗木的目的是,确保土壤与根系紧密结合,主侧根、二三级根、毛细根基本上完好无损,在运输、栽植过程中根系湿润不干燥,仍具有吸收水分、营养的功能,使地下根系吸收水分与地上枝冠蒸腾量平衡。栽植后苗木无缓苗期,继续生长发育,成活率 100%,所以常绿树移植要带土球。

193 带土球苗木栽植为什么也会死亡?

带土球苗木栽植死亡原因很多,最主要的原因有以下七个方面:

(1)带土球苗木栽植时,土球规格小、破裂、残损严重或假土球,造成苗木死亡。

(2)带土球苗木栽植时,浇灌水方法不当,造成散球,根系与土壤分离,不生新根,苗木死亡。

(3)带土球苗木栽植前,枝冠未修剪短截,地下根系吸收水分与地上枝冠蒸腾量失衡,造成苗木脱水萎蔫死亡。

(4)苗木栽植后叶片嫩梢凋萎下垂,误认为缺水就多次浇灌透水,土壤温度低、缺氧,不生新根,造成苗木萎蔫干枯死亡。

（5）苗木栽植时,回填土(土块)有空隙、根系与土壤分离,造成晾根,导致苗木萎蔫干枯死亡。

（6）带土球苗木栽植时,包装物未清除。草绳积水、发热、发酵,烧坏根系,造成苗木萎蔫干枯死亡。

（7）带土球苗木栽植后,浇灌半截水,土球底部架空不实,苗木靠自身养分和表层土壤水分维持现状,后期苗木严重脱水,出现叶片发黄、发白、落叶现象,最终萎蔫干枯死亡。

194　春季栽树夏季死亡的原因是什么?

这是绿化工作中普遍存在的问题,春季栽植的苗木萌芽,进入六七月份却萎蔫干枯死亡。具体原因如下:

（1）春季栽植的裸根苗木根盘小,主、侧根损伤严重,二三级根、毛细根少甚至没有,根部失去吸收水分、营养功能,靠树体内储存营养、水分,只是满足发芽的需要。随着气温升高、树体蒸腾量增大、苗木脱水,造成萎蔫干枯死亡。

（2）春季栽植的苗木伴随气温升高,管护者无休止浇灌透水,土壤温度低,不生新根,苗木自身水分、营养消耗怠尽,最终萎蔫干枯死亡。

（3）春季栽植的苗木伴随气温不断升高,管护者不断浇灌透水,根系浸泡在稀泥里,缺氧,二氧化碳、有机酸浓度增高,厌氧菌繁衍,根系腐烂,造成苗木萎蔫干枯死亡。

（4）春季栽植的苗木自身病害严重。例如:根癌病、茎腐病。春季气温低,病害不易发生,进入六七月份气温升高,病菌开始大量繁殖,病菌侵染劈裂、残损根系,树干皮层溃烂严重,失去水分、营养供给,正常的新陈代谢过程受到破坏,造成苗木萎蔫干枯死亡。

（5）禁止用污染水(化工厂、地板砖厂、养殖厂、餐饮、理发、洗浴)浇灌刚栽植的苗木。污染水侵染腐烂断损、劈裂根系,根系失去吸收水分、养分功能,造成苗木萎蔫干枯死亡。

195　大规格裸根苗木栽植成活率低的原因是什么?

裸根苗木指容易成活的落叶截干乔木而言。例如:法桐、刺槐、国槐、柳树、三(五)角枫、栾树、速生白蜡等。决不是针对所有落叶乔木、花灌木、果树类。大规格裸根苗木栽植缓苗期长,成活率低,具体原因如下:

（1）没按苗木生理习性,适树、适时、适地移植,造成苗木死亡。

（2）没按技术要求起挖苗木,根部只留下主根、侧根。二三级根损伤、劈裂严重,毛细根遗留原地,根系失去吸收水分、营养功能,造成苗木萎蔫干枯死亡。

（3）起挖、装运、栽植时间长,根系没采取保湿措施,被晾晒、风吹失去吸收水分、营养功能,造成枝叶萎蔫、树干皮层发白褶皱、干枯死亡。

（4）裸根苗木装车前,根系沾泥浆保湿做法不妥,二三级根、毛细根黏连在一起。栽植后失去吸收水分、营养功能,树体新陈代谢失调,造成苗木萎蔫干枯死亡。

（5）裸根苗木栽植后,无休止浇灌透水,土壤温度低,缺氧,有机酸浓度增高,厌氧菌繁衍,根系腐烂,不生新根,造成苗木萎蔫干枯死亡。

（6）裸根苗木栽植时,树坑不规范,根盘底部架空称"悬根",根盘底部严重缺墒,根系失去吸收水分、营养功能,枝条皮层萎缩不萌芽,树干皮层发白、皱褶,造成苗木严重脱水萎蔫干枯死亡。

（7）裸根苗木栽植 7 天后没再次浇灌透水,根系与土壤结合不实(晾根),失去吸收水分、营养功能,导致皮层呈淡绿色,嫩枝梢出现干枯现象,最终苗木严重脱水干枯死亡。

（8）裸根苗木栽植时,回填土、保墒土捣实、踏实、夯实,造成根系扭曲、黏连、土壤板结、透气性差,树体蒸腾量大,苗木脱水萎蔫干枯死亡。

196 如何挖栽植（树）坑?

栽植坑是栽植苗木的立地之本,栽植坑挖得合理,苗木生长旺盛,不合理,则苗木长势衰弱甚至死亡。挖栽植坑质量好坏对今后苗木生长发育有很大影响。栽植坑大小根据裸根根幅、土球规格及土质状况确定。一般栽植坑直径比裸根根幅、土球直径大 50~60 厘米为宜(国外做法:栽植坑直径不小于苗木地径 20 倍,坑大便于操作和苗木准确定位,根系生长环境宽松)。栽植坑的深度与根系分布深浅、土球大小有直接关系,坑的深度一般为 70~80 厘米。坑口直径必须上下一致,坑底挖成反锅底形,防止浇灌水或连续降雨造成坑内积水。坑内回填 1/3 表层土,再施一些有机肥和复合肥。同时喷施土壤消毒杀菌药物——百菌清、菌虫清、消毒灵,浇灌足底墒水,搅拌成稠糊状泥浆,堆积中间,等待泥浆面开裂栽植。

197 挖栽植（树）坑的注意事项有哪些?

（1）挖出的表层土与底层土应分别堆放(机械挖坑例外)。栽植前将表层土回填坑底,底层土填入上部或作浇灌水圈及保墒护树土用。

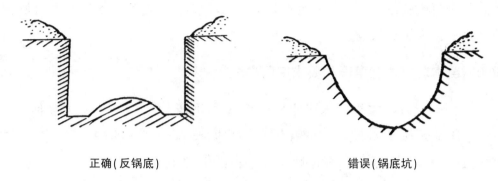

正确（反锅底）　　　　　　　　错误（锅底坑）

（2）当土质不良时，应扩大栽植坑直径深度1~2倍。凡不利于苗木生长的物质要清除，例如：石灰渣、炉渣、沥青、混凝土块、碎砖乱石及生活垃圾等，并换入种植土保证苗木的营养需求。

（3）挖栽植坑时如遇到地下管道、电缆应停止施工，找有关部门解决，以免发生事故。

198　栽植地是岩石地、重黏土地，树坑积水怎么办？

为了避免根部积水缺氧、厌氧菌腐烂根系，必须改善栽植坑排水、渗水、通透条件，促使苗木生新根发新芽提高成活率。解决方法如下：

（1）扩大栽植坑容量，全部更换种植土或挖成反锅底坑。

（2）扩大栽植坑直径，在土球、裸根外围斜放塑料管换气。塑料管直径6~9厘米、长70~90厘米，数量2~4根，管上打无数小孔，管内装满蛭石、珍珠岩，一端露出地面5~7厘米并封堵管口。

（3）扩大栽植坑直径80~100厘米，在土球、裸根外围填蛭石、珍珠岩，低于地面8~10厘米，以利透气、吸水、渗水。

（4）加深栽植坑深度，坑底垫40~60厘米蛭石、珍珠岩，以利透气、吸水、渗水。

（5）栽植前坑底、挖横沟埋盲管，要求排水畅通。

（6）日常养护浇灌水要适量，遇连续强降雨用塑料薄膜遮盖根部，防止积水成涝。

199　降雨、降雪易积水的低洼地、淤积沙土地、油腻黏土地如何整地栽植苗木？

土壤中水分过多会使苗木饥饿，树干、枝皮层皱褶萎缩、叶片发青发白，造成生理活动障碍死亡。解决方法如下：在行距两侧挖沟，沟宽50~60厘米，沟深低于栽植坑底以下,将沟土筑在株距间形成高垄(埂)。要求排水通畅,有利于苗木正常生长发育。

200 苗木栽植注意事项和要求有哪些?

(1)栽植深度:裸根乔木应比地颈低 5~7 厘米,灌木应与地颈相平,带土球苗木比地颈深 5~8 厘米,高垄(埂)苗木地颈稍高于自然地平,广玉兰、松柏树栽植浅些。大规格苗木栽植地颈高于自然地坪 10~20 厘米。

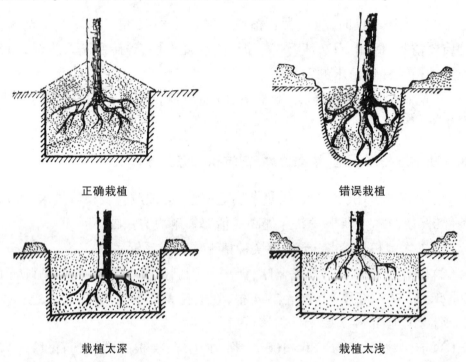

正确栽植　　　　　　　　　　　　错误栽植

栽植太深　　　　　　　　　　　　栽植太浅

(2)苗木朝向:栽植时要按原来的苗木阴阳面定植,尽可能将树冠丰满的一面朝向观众方向。

(3)树干弯曲苗木:其弯向应朝当地主导方向。行道树其弯向行道内侧与前后对齐。

(4)行列式栽植:应先在两端或四角栽上标准株,然后中间各株瞄准栽植,左右错位最多不得超过树干的一半。

201 苗木栽植前修剪的目的是什么? 要求有哪些?

苗木栽植前,合理修剪苗木,目的是提高苗木成活率,促进树形培养,保持良好树姿。栽植前必须剪去在起挖运输过程中受损伤的根、枝、叶,减少营养、水分流失与蒸发。具体要求如下：

（1）行道树定干高度根据道路宽窄、商业门头高低，应控制在 360—380—400—420 厘米为宜。

（2）修剪树冠必须保留树的总体框架，剪除枯枝、病虫枝、重叠枝、内膛枝、劈裂枝、机械和人为损伤枝。

（3）树冠顶端 75 度枝条及密集枝要修剪，减少风的阻力，防止灰尘、粉尘积累及细菌繁殖，又防止蒸腾、光合作用受阻。

（4）由于品种不同，树冠修剪的要求也不同，主要依据季节、土球大小及根系状况控制修剪量。

（5）花灌木修剪适当控制高度，剪去徒长枝、残枝、弱枝、病枝、枯枝，保持原树形。

202　苗木栽植前为什么进行枝叶修剪？

苗木栽植前，修剪枝叶主要目的是减少水分蒸发、减轻根系负担，维持苗木体内水分、营养代谢平衡，减少风的阻力，稳固树体不晃动。根据季节修剪量是冠幅直径的 1/5~1/10（不含大树），主要回缩修剪徒长枝、嫩枝、嫩梢（芽）和内膛疏叶。现场观察，个别栽培者怕影响绿化效果不修剪，导致树冠蒸腾量大，受伤的根系失去水分、营养功能，造成苗木脱水死亡。个别栽培者将密实树冠内膛枝叶剪空，只剩下骨干枝失去观赏效果，这种修剪方法成活率虽高，但恢复原树形需 2~3 个生长期。苗木栽植前枝叶按技术要求修剪很有必要。

203　苗木栽植前为什么进行根系修剪？

苗木栽植前将断根、劈裂根、病虫害根、过长根剪去，减少水分、营养流失，防止病菌浸染、伤口腐烂，促使生新根，提高成活率。苗木栽植前根系按技术要求修剪很有必要。

204　修剪苗木（截、砍、锯、剪）的伤口如何处理？

修剪苗木时尽量剪口要平，及时用药物——活力素、根腐灵喷洒伤面，增加抵抗力。然后用涂补剂或虫胶漆涂抹伤口，形成保护膜，制止伤流，病菌细菌不侵染，伤面愈合快，耐雨水冲刷，防腐蚀、防干裂、防干枯。

205　苗木栽植质量应符合哪些要求？

（1）苗木栽植应按设计图纸要求核对品种、规格、数量及定位。

（2）规则式栽植应保持对称平衡，行道树或行列栽植应在一条线上。相邻株规格应合理搭配，胸径、高度、树冠基本保持一致，直立不倾斜，应注意观赏面的合理朝向。

（3）绿篱栽植株距、行距应均匀，高低、宽窄修剪一致。

（4）带土球苗木栽植，包装物必须清除干净。

（5）珍贵树种栽植应采取树冠喷雾，叶面喷洒药物——蒸腾抑制剂，根系喷洒药物——生根剂、杀菌剂、根腐灵、生长激素等。夏季栽植时树干缠绕草绳注水保湿。冬季栽植时树干缠绕草绳包塑料薄膜保温，也可树干喷刷、根部浇灌防冻剂。

（6）裸根苗木栽植根系必须舒展不扭曲，筑好根部保墒护树土，还可以采取塑料薄膜、锯末、稻麦糠覆盖根部。

（7）胸径 50 厘米以上的大树栽植要搭支撑、架拉线。

206 带土球苗木栽植具体办法是什么？

将栽植坑挖成反锅底形，回填表层土厚 20 厘米，施入农家肥和少量复合肥，喷洒药物，浇灌足底墒水，用振动棒振捣成稠糊状泥浆，堆积中间成凸状，等待泥浆面开裂栽植苗木。苗木定位时土球略高于自然地面，在土球外围分 2~3 次填入种植土，这时沿坑壁适量浇灌水、喷药，用振动棒和平板振动器振动成稠糊状泥浆与土球上面抹平，等待泥浆面开裂，再筑保墒护树土，要求保墒护树土堆直径大于坑径，不捣实、不踏实、不夯实，外围筑水圈，15 天后控制水量、浇灌渗透水，用塑料薄膜、锯末、稻麦糠覆盖根部。这样操作苗木无缓苗期，继续生长发育成活率 100%。栽植胸径 15~50 厘米带土球大树，不用搭支撑、架拉线（野外、风口例外）（注：用振动棒振捣可使回填土与土球、裸根结合严实无空隙，土壤不板结、疏松透气，适应苗木生长）。

207 裸根苗木栽植具体办法是什么？

裸根苗木栽植程序，基本同上题操作方法。区别在于苗木根系舒展，不扭曲、不黏连，回填土与地颈一致。这时沿坑壁适量浇灌水，用振动棒和平板振动器振动成稠糊状泥浆与地颈抹平，等待泥浆面开裂再筑保墒护树土，7 天后在保墒护树土外围筑水圈浇灌渗透水。按此方法操作苗木无缓苗期，继续生长发育成活率 100%。

208 **苗木栽植时为什么边填土、边浇水、边施肥、边搅拌泥浆,分 2 ~ 3 次操作,目的是什么?**

栽植苗木时,边填土、边浇水、边施肥、边振捣成稠糊状泥浆的目的是:使回填土与裸根根系、土球紧密结合无空隙。严格控制浇灌水,使回填土含水量适中,土壤温度浮动小,氧气充足,适宜苗木生新根。此操作方法是栽植苗木成活的基础,更重要的是防止根部积水缺氧、聚集二氧化碳、有机酸浓度增高,根系吸收水分、营养受阻,造成苗木萎蔫干枯死亡。

209 **苗木栽植时回填土、保墒护树土为什么不能捣实、不能踏实、不能夯实?**

苗木栽植时,回填土和保墒护树土捣实、踏实、夯实,会造成根系黏连、扭曲不伸展,土壤板结、透气性差,湿热散发不出去,苗木生长缓慢。另外刮风时,树干晃动,土壤不能自动填充地颈孔隙,使围孔越晃越大,根系与土壤分离,跑风透气,不生新根,造成苗木生长缓慢,甚至萎蔫数日死亡。回填土和筑保墒护树土不能捣实、不能踏实、不能夯实,最大优点是:遇到刮大风晃动树干时,保墒护树土会自动填入地颈围孔,越填越实稳固树体。另外土壤不板结、疏松、透气。再者遇到连续强降雨根部不积水。经过几次降雨,保墒护树土自然消失,苗木地颈与地表层结合严实无缝,适宜苗木旺盛生长。

210 **竹子如何栽植?**

竹子最佳移植时间是春、秋两季。根据实地观察,大多数栽培者为保证当时绿化效果,将移来的竹子原样栽植,只知道多浇水。这时竹子极易发生蒸腾量过度,造成生理干旱死亡,这样的教训太多。究其原因是不懂竹子生长习性,更不懂栽植时间和技术措施。具体操作方法如下:

(1)俗话说:"栽种竹子就是移栽竹鞭"。竹鞭指竹子地下匍匐根茎。起挖竹鞭越长,成活的把握就越大。无论起挖单株还是丛生竹,土球直径都要大于 30 厘米,土球厚度不能低于 20 厘米。起出的竹子应距地颈上 10 厘米高处(竹节上方 2 毫米)截去,伤口刷涂药物,萌发的壮芽生长旺盛,景观效果特别好,成活率 100% 。

(2)为了保证竹子绿化效果,起挖前竹地浇灌透水,使竹体含水量饱满,在起挖现场将竹子错落截干,高分别为 320 ~ 360 厘米。截干的位置必须在竹节上方 2 毫米处,同时刷抹药物。干上轮生枝、侧枝嫩芽保留,过长轮生枝剪去 1/4。栽植前先挖沟槽,深 30 厘米,土球紧挨土球,间隙回填种植土要严实,同时施少量复合肥,浇灌透水后再覆盖保墒土,厚 5~7 厘米。夏季喷洒药物——蒸腾抑制剂或遮阴 7~10 天,成活率 100%。

(3)为了防止竹子地下根茎串通与其他苗木混杂,应挖沟槽做立砖隔断。气候干燥时用清水喷洒竹体,保持叶面碧绿。在生长季节每月施一次稀薄肥水。

211 如何选择适应微地形栽植地被多年生草本宿根植物?

应选择抗旱、耐瘠薄、耐半阴、抗高温、耐严寒、再生能力强、植株低矮、茎叶密集、绿期花期长的多年生草本宿根植物。具备以下条件:

(1)具备地下深根性、匍匐根茎、须根多的冷地型草,例如:高羊茅、黑麦草、早熟禾、吉祥草、沿阶草等。暖地型草,例如:细叶结缕草(又名天鹅绒草)、四季樱草。

(2)具备地下肉质球茎的冷地型草,例如:红花草、紫叶酢浆草等。暖地型草,例如:矮状大丽花、小丽花、鸢尾、萱草、矮状美人蕉等。

(3)具备地上匍匐茎、节间着地生根、纵横扩张生长的冷地型草,例如:白三叶、福禄考等。暖地型草,例如:马蹄筋、过路黄、结缕草(又名马尼拉、天堂)、五色草等。

212 微地形栽植地被多年生草本宿根植物如何操作?

根据实地观察,微地形栽植木本、草本植物,同一个品种栽植高处的成活率低,栽植低处的成活率更低,都是因为浇灌水。高处渗水快造成经常性干旱缺水死亡,低处不渗水造成经常性积水死亡。往往人们错误地认为,栽树种草只要多浇灌水就能成活。大多数栽植坑槽不规范,分割种球切块小,分丛(株)数量少,根系扭曲不伸展,覆土(块)不严实,跑风透气不抗旱。浇灌水、降雨、径流冲刷坡面,根系、种球暴露晾晒(冬季冻伤),这是造成植物死亡的主要原因。如何栽种微地形草本宿根植物?具体操作方法如下:

(1)栽植密度:高羊茅混播草、马蹄筋分割成 4~6 平方厘米,小块点栽;也可分割成宽 3~5 厘米、长 20~40 厘米条状栽植,间距控制在 15~20 厘米;也可 5~7 株/丛分栽,株行距控制在 15~20 厘米。白三叶草每平方米栽植 100 丛。福禄考、紫叶酢浆草每平方米栽植 49 丛。吉祥草、沿阶草每平方米栽植 36 丛。红花草、鸢尾每平方米栽植 25 丛。矮状美人蕉、萱草每平方米栽植 16 丛。矮状大丽花每平方米栽植 9 丛。

(2)栽植深度:高羊茅混播草、马蹄筋、福禄考、白三叶、吉祥草、沿阶草深栽,挤实根系,再掩盖 2 厘米厚的表层土。红花草、紫叶酢浆草、鸢尾、萱草深栽,挤实球茎,再掩盖 2 厘米厚的表层土。矮状大丽花、矮状美人蕉深栽,挤实球茎,再掩盖 3 厘米厚的表层土。

（3）栽植方法：围绕微地形底边开沟,宽 40 厘米、深 15～17 厘米,沟土翻在下边,沟内浇灌足底墒水,按品种密度列植。用同样方法依次向上栽植,栽植结束架水管,雾化渗透土壤,既制止了坡面水土流失,又避免了根系、种球暴露地表晾晒、冻伤。沟内可以预先不浇灌底墒水,等栽植结束后架水管、雾化。这两种操作办法既保证栽植质量,又突出了绿化效果。

213　苗木栽植后（10 天内）养护管理内容是什么?

养护管理是保证苗木成活的关键环节,必须给予足够的重视。养护管理内容如下:

（1）为防止大规格苗木被风刮倾斜、歪倒,应搭支撑、架拉线稳固。支撑与树干间用草绳隔离,两者捆紧。

（2）乔木、灌木、花卉视墒情浇灌透水。

（3）发现有倾斜树木要扶正,地颈围孔回填土要严实。

（4）铲除水圈,筑保墒护树土,土堆直径要大于坑径。

（5）清除绿化地及周围 2 米内杂物,保持整洁。

214　为什么说"寒冷的冬季（冰、冻）不能栽树"?

冬季天冷气温低,土壤温度更低,此时苗木停止生长称"休眠期"。冬季苗木休眠期是传统思维观点,不完全正确。经实地测试,苗木冬季并没有完全停止生长,只不过生长速度比春、秋两季旺长期缓慢许多。寒冷的冬季苗木根茎细胞原生质脱水,细胞壁间水分结冰。另外,秋季降雨多,苗木旺长枝条没充分木质化,含水分高,容易受冻害。再者,潮湿土壤冻结时体积膨胀,冻土产生裂缝（沙土地例外）拉断毛细根。二三级根、须根被风吹干枯,失去吸收水分、营养的功能,所以寒冷冬季不能栽树。

215　为什么说"降雨天气地湿不能栽树"?

根据实地观察,多数栽培者利用降雨天栽树。他们说"降雨天栽树不用浇灌水,省事,容易活"。实践证明,降雨天栽树,苗木生长发育缓慢,幼苗成活数日最终干枯死亡。究其原因为:

（1）降雨天地湿,回填土处于泥浆状态,湿泥排斥了氧气,充满了二氧化碳,有机酸聚集浓度增高,造成苗木缺氧中毒死亡。

(2)地湿,回填土是泥块,不实,有空隙,晾根,造成苗木不生新根死亡。

(3)降雨天湿泥使根系黏连在一起,吸收水分、营养受限制,苗木成活数日,最终萎蔫干枯死亡。

(4)地湿,回填土是泥,表层泥板结,湿热散发不出,厌氧菌腐烂根系,造成苗木死亡。

216 遇刮风天气苗木栽植如何操作? 注意事项有哪些?

(1)栽植坑首先浇灌足底墒水。

(2)坑内无积水,将苗木栽下,回填土捣实、踏实、夯实。

(3)当天栽植的苗木,注意查询天气预报是否有大风,绝不能盲目夜间加班浇灌水。

(4)浇灌带土球苗木时,水浇灌在土球外围(沿坑壁浇),控制水量。

(5)常绿全冠香樟、广玉兰、大叶含笑、大叶女贞、松柏类栽植时,浇灌水要慎重,严格控制水量。决不能盲目浇灌透水,造成土球散裂,树木倾斜倒伏,影响成活率。

217 遇干旱天气苗木栽植如何操作?

(1)先将栽植坑浇灌足底墒水。

(2)苗木栽植前对枝冠重剪或截干。

(3)用塑料薄膜覆盖根部,用碎土将塑料薄膜搭接缝、周边压实。或者用喷湿的锯末、稻麦糠覆盖根部,拍实。还可以用干锯末、稻麦糠覆盖根部,用水喷湿黏结。

(4)用草绳缠绕树干,注水保湿,随时包塑料薄膜。树冠喷洒药物——蒸腾抑制剂,叶片背面有气孔,注意喷洒,不要反复喷洒,以不滴药液为宜。

218 荒山、乱石坡(石头笼)苗木栽植如何操作?

(1)挖栽植坑:不论苗木规格大小,栽植坑要扩大倍数。将挖出的大石块捡出堆砌树坑围堰,剩余的碎石块、土为种植土或客土,形成自然鱼鳞坑。

(2)品种选择:根系发达、抗干旱、耐瘠薄、不择土壤、抗风。常见苗木品种例如:三(五)角枫、乌桕、楝树、榆树、山桐子、枳壳、刺槐、国槐、红栌、黑松、白皮松等。要求苗木干径4~6厘米,定干高度130~160厘米最合适。

(3)栽植准备:栽植坑提前回填1/3种植土,施少量复合肥,浇灌足底墒水,同时用振动棒振捣成稠泥浆(防漏水),堆积中间,等待泥浆面开裂栽植。

(4)苗木栽植:苗木定位前清除包装物。回填土至地迹处,这时控制浇灌水量,等待树坑内沿、土球外沿泥浆面开裂,再用碎土筑保墒护树土,覆盖塑料薄膜,外围筑水圈,以便浇灌存储雨水。

(5)防冻措施:树干缠绕草绳,包塑料薄膜或刷涂白剂,树冠喷刷防冻剂,修剪的残枝断面涂抹药物。

按上述方法操作,苗木成活率100%。

219　陡坡、峭壁、自然山体、斜坡苗木栽植如何操作?

山区道路两侧陡坡、峭壁、自然山体、斜坡苗木栽植具体操作方法如下:

(1)陡坡峭壁、自然山体适当位置堆砌鱼鳞坑、反坡挡土矮墙、U形池,挖条沟回填种植土,将苗木倒伏(主干间断掩埋)栽植,经过二三个生长期,覆盖陡坡、峭壁、山体,绿化效果好。

(2)将苗木种子拌入种植土,装入有孔的编织袋,随山体码放,经过二三个生长期,绿化效果更佳。

(3)品种选择:具备抗旱、耐瘠薄,抗高温、耐严寒,具有攀爬功能、葡匐茎、节间有吸盘,阔叶稠密、生长旺盛,自我保墒能力强等特性。常绿苗木品种例如:黄杨、北海道黄杨、扶芳藤、小叶扶芳藤、常春藤、爬壁藤等。落叶苗木品种例如:地槿、凌霄、地被月季等。

凌霄

按上述方法操作,苗木成活率100%。生长2~3年后将陡坡、峭壁、山体遮盖得严严实实,既增加了绿量,生态效果又特别好。

220　河滩、卵石、淤积沙砾石、矸石地苗木栽植如何操作?

(1)不论苗木规格大小,适当放大株距、行距。开挖宽80~100厘米、深70~90厘米的行沟。将大卵石清除,沟内回填少量黏土,搅拌成泥浆,防止漏水、渗水,再回填有机肥20~30厘米厚,然后覆盖种植土,等待栽植。

(2)树种选择具备耐寒、抗高温、不择土壤、耐涝、根系发达、速生等特性的品种。常见苗木品种例如:枫杨、栾树、法桐、重阳木、刺槐、国槐、黄金槐、金叶榆、金枝槐、红花槐等。

（3）栽植结束后行与行之间挖宽 60 厘米、深 50 厘米通沟,将挖出的卵石、沙砾石摊在株距之间,形成高垄（埂）。该沟平时起到生产管理操作路用,冬、春二季起到提高土壤温度作用,遇干旱时起到浇灌水施肥作用,遇降雨积涝时起到排水作用。

按此方法操作,苗木成活率 100%,而且苗木生长速度快。

221 丘陵风化岩石地、岗坡碎石重黏土地苗木栽植应采取哪些技术措施保成活快速生长？

（1）针对丘陵风化岩石地,栽植坑应堆砌成鱼鳞坑或砌反坡挡土矮墙加大容量,也可以挖成反锅底树坑,更换种植土。

（2）针对岗坡碎石重黏土地,应根据地形地貌规划成小块梯田。

（3）加大栽植坑容量,坑底垫 20～30 厘米厚的珍珠岩或蛭石,根部外围回填混合土（蛭石和种植土）。

（4）因缺水干旱应采取滴灌、根部覆盖塑料薄膜、树冠喷洒药物——蒸腾抑制剂。

（5）入冬前树干刷涂白剂,或树体喷刷、根部浇灌防冻剂。

222 反季节苗木移植应采取哪些技术措施？

反季节苗木移植指夏季和冬季,具体技术措施如下：

（1）做好苗木移植前的准备工作,必须提前采取截枝疏冠,环状断根。

（2）预先挖好规格适宜的栽植坑,浇灌足底墒水。

（3）起挖苗木时加大裸根根幅、土球体积,包装牢固严实。做到随起、随运、随栽。

（4）苗木倒地立即短截骨干枝,锯除密生枝、重叠枝,修剪缩冠。避免运输途中和栽植前水分、营养流失,使水分、营养聚集树体。夏季对树干、枝、叶喷洒药物——蒸腾抑制剂。

（5）苗木倒地树干注射药物——核能素、活力素。修剪根系、枝冠的剪口、锯口断面要刷抹涂补剂。栽植后根盘浇灌药物——生根剂、生长激素。

（6）对排水不良、透气不畅的重黏土坑及不渗水的石坑,可在坑底垫沙砾石、珍珠岩、蛭石,厚 50～60 厘米。栽植苗木同时掩埋 2～4 根换气管。

（7）苗木栽植后用锯末、稻麦糠、塑料薄膜覆盖根部。

（8）夏季苗木栽植后搭建遮阴网,但时间不宜过长,15～20 日为宜。树干缠绕草绳注水保湿,预防日灼病。栽植花灌木、草本花卉,遮阴时间为 8 ~ 10 日。

(9)苗木栽植后架水管定时雾化树冠,也可滴灌根部。

(10)冬季对树体进行喷刷药物——冻必施、神奇冻水,浇灌根部,树干刷涂白剂,更有效的办法是树干缠绕草绳包塑料薄膜,达到保温防寒的目的。

(11)栽植大规格苗木应及时搭支撑、架拉线。

223 苗木栽植容易进入的误区有哪些?

(1)经常看到栽培者栽植带土球苗木时,怕土球散,不清除包装物,并且还说:"草绳沤烂当肥用"。缺点在于回填土不实,有空隙,草绳积水发热、发酵,使根系腐烂,造成苗木萎蔫数日死亡。

(2)经常看到栽培者栽植时盲目将大土块、死泥块回填树坑或覆盖表层做保墒护树土用,造成回填土不实,有空隙,出现苗木萎蔫现象。多数管理者误认为根部缺水,就一个劲多浇灌水。因为移植时大量的根系被切断,活性差,吸收水分、营养困难,根系呼吸受阻、缺氧,苗木萎蔫加快,最终窒息死亡。

(3)经常看到栽培者栽植时怕树倒伏,深栽、封厚土,捣实、踏实、夯实,使根系缺氧、损伤面很难愈合,湿热很难散发出去,厌氧菌繁衍,根系腐烂,造成苗木枯萎死亡,称"闷死"。

(4)经常看到栽培者栽植时怕影响当时绿化效果,对苗木少修剪或不修剪,保持原始树形(冠)。缺点是缓苗期长、成活率低。合理修剪能使地上部分的枝叶消耗与地下根系吸收的水分、营养协调平衡。根据苗木的成枝力和萌芽力,在不同季节、不同品种、不同规格、不同立地条件进行适当修剪,决不可不修剪或盲目重剪,应当保留一二级分枝,剪去弱枝、病枝、内膛枝、徒长枝,刺激生新根、发新芽,促成活。成枝力、萌芽力强的品种,应采取截干栽植,常见品种例如:柳树、法桐、合欢、栾树、重阳木、三(五)角枫、大叶女贞、香樟等。成枝力、萌芽力弱的品种,可以采取截枝、疏叶栽植,常见品种例如:银杏、桂花、石楠、枳壳、木瓜、海棠、百日红、皂角等。

224 什么样规格称大树? 如何按树龄选择移植大树、花灌木?

大树指落叶乔木胸径在 20 厘米以上,常绿乔木胸径在 15 厘米以上,满外高度在 6 米以上。按树龄选择移植指慢生树选择 10 ~ 20 年生,中生树选择 12 ~ 15 年生,速生树选择 7 ~ 10 年生,花灌木选择 4 ~ 6 年生。

225 选择大树的技巧有哪些？

（1）选择长势缓慢、树干低、树皮厚、树干结疤多、树冠丰满的大树。

（2）选择根系生长受阻、无法向外扩张生长的大树。

（3）选择二次移植过的大树。例如：路边、房前屋后、池塘边、假山旁、广场边、河道和溪流旁。

（4）选择提前断过根或回苗圃继续培育 3～4 年的大树。

（5）选择容器培育或容器假植的大树。

226 为什么说"大树移植最佳时间是春季"？

大树移植根据不同品种确定移植时间，从 11 月至次年 4 月最适宜移植大树。其中常绿大树在 3～4 月移植是好季节，因为这时树液刚开始流动，蒸腾量还没达到最旺盛时期，根系损伤很容易愈合和再生。落叶乔木自落叶到春季萌芽前、气温不低于 1 摄氏度以上时进行移植。这段时间树木虽处于半休眠状态，但地下部分尚未完全停止生长，移植时被切断的根系在这段时间很快愈合，给春季生长萌芽创造了良好条件。经验证实，移植大树的最佳时间是春季。

227 大树移植如何操作？

"大树移植就是移植生命，珍惜大树就是珍惜生命"。具体操作方法如下：

（1）大树移植要有计划提前一二个生长期进行环状断根——促使生长毛细根。环状断根依大树地径 8～10 倍的 1/2 为半径画圆，在圆形相对的两端东西或南北弧线外挖宽 60～80 厘米、深 80～100 厘米、长为周长的 1/4 的环形沟。遇到粗侧根用枝剪或手锯紧贴根盘壁切断，伤口刷涂药物。沿根盘壁地颈周围用钢钎打斜孔浇灌药物——生根剂。沟内回填土分层夯实，阻止根系向外扩张生长，促进生长更多的二三级根和毛细根。同时对原始树冠进行截枝缩冠，促发内膛枝条。用同样的方法半年或一年后在相对两边开挖处理。经过断根的大树移植成活率 100%。

（2）起挖大树提前浇灌水，使根系树体储存足够水分，弥补移植过程中水分不足。对树体疏枝剪冠，保持地下地上水分、营养代谢平衡，减少枝冠蒸腾面积，减少风的阻力，防止树体摇摆晃动。在保持原树形的基础上，保留的分枝要错落有序。常绿乔木应剪除全冠的 2/3，落叶乔木应剪除全冠的 1/2。容易恢复树冠的速生落叶乔木品种例如:刺槐、柳树、栾树、法桐、三(五)角枫、合欢等,可采取截干处理。

(3)起挖带土球大树时,要尽量加大土球体积(胸径在20~60厘米的大树,回苗圃容器培育3~4年或原生地提前断过根的大树,再次移植带土球不宜过大,最合适的土球直径分别为120—140—160—180厘米)。一般情况下按大树地径8~10倍的1/2为半径画圆,用机械绕圆线外开挖,宽60~80厘米、深120~150厘米,这时大树要搭支撑或架拉线,稳固树体,防止倒伏,避免造成工伤事故和损伤枝冠。这时人工进行修整土球,首先铲除根部表层无效土,土球上下一致。对残损、劈裂根的剪口、锯口刷涂药物,用预先浸湿的草绳缠绕腰箍,宽10~20厘米,随后掏土球底部,保留60~70厘米土柱,用作支撑树体。若土球侧面或底部出现建筑垃圾、碎砖乱石、砂灰,很难保证土球完整性,应采取秸秆泥、砖石块填补,与土球外形一致,及时采用五角包、网络包缠绕土球。将草绳拉紧,用木棒或砖块敲打,使草绳嵌在土球上不松动、不脱落,每道草绳应紧密相连,不得有空隙,还应从地颈用草绳缠绕树干至分枝点,然后用麻绳、12#铁丝缠绕腰箍,再用五角、网络包等方法,缠绕土球数道,更牢固安全。同时在地颈上部、分枝点下部定护板,防止吊装、卸车时损伤树干皮层。

(4)吊装运输。吊运是移植大树的重要环节之一。此过程直接关系到大树成活、树形完美、施工质量等。起吊时用2根吊带交叉托土球侧(底)面,于地颈处用绳系牢(也可直接用吊带系牢地颈处),再用吊带与树干分枝点下部系牢,起吊时土球与树体呈微倾斜三角形。为防止起吊时吊带(钢丝绳)损坏土球,用整盘的草绳、厚木板、旧轮胎衬垫,将树慢慢吊起旋转至车前方,轻轻就位。同时在土球下方垫土或草帘草绳,土球两侧用砖、石块、木棒支垫牢固。树体倒向车后成15°~25°,用土袋垫高树干,枝梢不拖地,然后用绳将树干与车体紧固,防止左右移动。卸车时用一根吊带托土球侧(底)面,于地颈处系牢(也可直接用吊带系牢地颈处),吊带紧贴树干与分枝点下部系牢,吊带长度超出树冠,避免钢丝绳挂钩损伤枝冠。起吊时树体保持垂直,慢慢就位坑内。大树定植前切记清除包装物,按原方位定植(起挖前的阴阳朝向),满足大树对蔽荫及阳光的需求。

(5)大树定植前,栽植坑提前2~3天按标准挖成反锅底形,同时回填30厘米厚的种植土,施有机肥、少量复合肥,喷洒药物——生根剂,浇灌足底墒水,用振动棒振捣成稠糊状泥浆,围拢中间成凸状,等待泥浆面开裂,将大树定植坑内,分3次回填种植土,严格控制浇灌水量,边施肥、边喷洒药物、边用振动棒振捣成稠糊状泥浆至土球上平,再用平板振动器振动抹平等待2~3天,泥浆面开裂再筑保墒护树土,土堆直径大于坑径,不捣实、不踏实、不夯实。还可以用塑料薄膜、锯末、稻麦糠覆盖根部(国外做法:筑保墒护树土,将根部覆盖成蘑菇状,直径小于坑径,便于浇灌和存储雨水)。上述做法的目的是:球底结合土壤牢固,底墒、肥力、氧气充足,土壤温度适中,控制回填土含水量,慢慢湿润根系,保证土球完整性,大树继续生长。经过一段时间,在保墒护树土边沿筑水圈,控制水量浇灌渗透土球水。按此方法操作,有利于大树生新根、发新芽,继续生长成活率100%。大树定植后不能立即浇灌透水,一般情况下(特殊情况除外)低温指11月至次年4月,20～30天内浇灌透水,高温指5～10月,10～20天内浇灌透水。

(6)大树移植成活的关键在于如何处理干枝劈裂、根系伤残面。大树在原生地生长几十年之多,起挖时受立地条件和运输车辆限制,枝冠根系损伤严重,病细菌侵染伤残面不易愈合,造成水分、营养大量流失,最终枯萎死亡。提高大树移植成活率必须做到以下几点:

①缩小伤残面:劈裂、残损的干、枝、根系要及时刷涂药物,形成保护膜,杜绝病菌浸染。

②起挖的大树不要随时栽植,尤其香樟树,让根系损伤面晾晒3～5天,靠自身生理功能结痂愈合。

③围绕大树地颈下粗侧根环剥,促进再生新根,帮扶大树吸收水分、营养。

④围绕大树地颈附近,栽植同品种干径2～3厘米的幼树9～11株,靠接大树周围,用钉钉牢,成活后将结合部以上树干截除,提供水分、营养帮扶大树生长。

(7)调整树形。移植大树成活后会萌发大量新枝条,这时千万不能盲目抹芽和修剪,充分利用枝条叶片的蒸腾、光合作用,促进大树生长。入冬前将树干及骨干枝上一些生长不当的枝条剪除。骨干枝从不同的角度保留6～8个粗壮枝,然后再短截保留12～16个侧枝,这样操作有利于形成丰满树冠。

228 **大树定植前为什么栽植坑先回填种植土、施肥、浇灌水,搅拌成稠糊状泥浆拢成凸状,等待泥浆面开裂栽植大树?**

大树定植:提前2～3天将栽植坑回填部分种植土,施少量复合肥,浇灌足底墒水,同时搅拌成稠糊状泥浆拢成凸状,等待泥浆面开裂。目的是为栽植大树定位准确,底部根系与土壤结合紧密牢固,底墒肥力充足,土壤温度适中,氧气含量高,促使大树生新根、萌新芽,继续生长发育。

229 **大树定植后为什么要等待2～3天泥浆面开裂再筑保墒护树凸土堆?**

大树定植后为什么要等待泥浆面开裂(2～3天),目的是撤出(蒸发)栽植坑多余水分,根系不会长时间浸泡在低温的泥浆里。泥浆面开裂说明回填土含水量、温度适中,土壤疏松、氧气充足,有利于大树生新根、萌新芽,继续生长发育。

230 **大树移植时树干出现损伤、劈裂、大块脱皮怎么办?**

俗话说"人怕伤心,树怕伤皮"。大树起挖、装车、运输、卸车、栽植过程中要尽量减少树皮受到损伤。皮层是树体最重要的输导组织,它受到损伤会直接影响大树成活。对皮层受到损伤、大块脱皮、枝杈劈裂可采取弥补措施,给大树成活创造有利条件。具体操作方法如下:

(1)树干皮层损伤、裂痕但没脱落现象。用药物——百菌清、喷无菌、清毒灵喷洒痕缝。消毒后用草绳或麻绳捆绑紧,然后用塑料薄膜包裹。

(2)枝杈劈裂、劈开现象。用药物喷洒消毒后,将枝杈合拢,用绳捆绑紧,再用湿泥外敷厚厚一层,然后用塑料薄膜包裹。

(3)树干大块脱皮现象。能找到树皮的用原皮复位,不能找到的用该树修剪掉的枝皮修整弥补。复位前用药物消毒后,再用药物——激活液、活力素、核能素喷洒细胞组织部位,促进皮层与木质部结合。复位后用伤口涂补剂涂抹伤缝,随后用草绳捆绑紧,再用塑料薄膜包裹。

(4)树干皮层出现擦伤、碰伤、小块脱皮现象。用湿泥直接敷在伤口上,再用塑料薄膜包裹,这样处理树干会留疤痕。

231 **反季节(指7～8月高温季节)大树移植应做到哪几点?**

夏季日照强、温度高,大树代谢旺盛,移植会损失大量水分,树冠蒸腾量未减少,地下根系损伤供应水分不足,失衡严重,导致大树生理代谢紊乱、活力下降。为了提高大树移植成活率,应做到以下几点:

(1)加大土球规格,截干、短截骨干枝、缩冠减少蒸腾量。

(2)树干缠绕草绳注水保湿,再者架雾管至树冠最高处定时雾化。

(3)搭建遮阴网,五面与树冠保持50厘米左右距离,避免阳光直射。

(4)根部增施药物——利根壮、杀菌灵、生长激素等,解决移植大树水分、营养供需矛盾,使大树恢复活力,从而促使生新根、萌新芽,提高大树移植成活率。

（5）掌握用药时机及用量。起挖大树断根时或装车前进行树体注射营养液（核能素、树动力、施它活），保持树体代谢平衡，有助大树成活。例如：活力素树干注射液，胸径15厘米大树用1瓶，胸径20厘米大树用2瓶，胸径25厘米大树用4瓶，胸径30厘米以上大树用6瓶。还可以将用过的输液器具，装灌蒸馏水或纯净水，注入树干补充水分。使用蒸腾抑制剂喷洒叶片正反面及干枝封闭皮层气孔。还可使用活力素100倍稀释液，浇灌根部，有助大树移植成活。

232 冬、夏二季大树移植防寒、保湿、保墒、土壤疏松透气很重要，如何做到？

根据实地观察，发现大树移植时，栽培者盲目用塑料薄膜直接缠绕树干。有的将塑料袋套在截过干的树干上，还有的将厚塑料布包在树冠上，另外普遍存在将塑料薄膜覆盖在根盘凹坑里（水圈），用土块压边的现象。以上都是出力不讨好的错误做法。正确操作方法如下：

（1）冬季用草绳缠绕树干，包塑料薄膜，上下两端露出草绳（起到保温、换气作用）。根盘筑保墒护树土，覆盖塑料薄膜，用碎土将薄膜接缝周边压实（起到保墒和提高地温作用）。再在保墒土外围筑水圈，以便浇灌水渗透土球根系（起到缓解土壤温度作用），适宜大树继续生长发育。

（2）夏季用草绳缠绕树干注水保湿。根盘覆盖锯末、稻麦糠，起到保墒、疏松、透气作用，适应大树继续生长发育。

233 胸径20厘米以上大树定植（位）不当，需再次移植如何操作？

无论常绿、落叶大树，首先搭支撑或架拉线，稳固树体防止倒伏。随后以大树地径10~12倍的1/2为半径画圆，沿圆线外挖宽60厘米、深80厘米环沟，晾晒5~7天，同时对树冠喷洒药物——蒸腾抑制剂，等待再次移植。移动时先用吊带缠绕土球做腰箍，再用两根吊带托土球底侧面，交叉于地径处系牢，然后用叉车或吊车移位，这是最稳妥的操作方法。

234 大树移植后日常养护管理技术要求有哪些？

大树移植后日常养护很关键。俗话说"三分栽植七分管理"，移栽后第一年管理更为重要。主要是浇水、排水、树干保湿、防冻、支撑固定、搭建遮阴网、抹芽除萌、防治病虫害、改良根部土壤透气性等。日常养护管理技术要求如下：

（1）浇灌水与药物输液：浇灌水要视土壤墒情干透浇透。表层土干后要及时进行松土保墒，保证根系呼吸畅通，排除根部湿热。高温季节架水管雾化树冠,以叶片不滴水为宜,以免造成根部积水。另外用药物——施它活、核能素、活力素给大树输液。输液最大优点是不会造成根部积水,因为常规浇灌水很难控制水量,往往会造成水的浪费及根部积水。

(2)树干缠绕草绳保湿防寒与药物防冻剂:对树皮呈青色、皮孔较多的品种或常绿树种,将树干和近主干及一级分枝局部缠绕草绳保湿,减少水分蒸发,同时预防日灼病和冬季防寒,但所缠绕的草绳不能过紧和过密,以免影响皮孔呼吸。还可以用药物——冻必施、神奇冻水等刷涂树干及主枝、喷洒树冠、浇灌根部。

(3)搭支撑、架拉线与固树:俗话说"树大招风,晃树必死"。大树移植后必须稳固树体,避免刮风摇摆晃动。要采用三、四脚木棍或钢管井字架支撑,支撑高度至分枝点。最有效的固树方法是架拉线。

(4)搭建遮阴网与喷洒蒸腾抑制剂:夏季干旱气温高,树冠蒸腾量大,根部吸进的水分99.8%被蒸发掉,为了减少大树水分流失,应搭建遮阴网,减弱蒸腾量。遮阴网不能过严,更不能封闭,也不能直接接触树体,必须与树冠保持50厘米以上的距离,保证棚内空气流通。另外用药物——蒸腾抑制剂喷洒树冠。

(5)根部土壤疏松透气:根部周围勤松土,保持良好的土壤通透条件,能够促进伤口愈合、生新根。透气性差表现为栽植过深、封土过厚,土壤黏重、板结,抑制根系呼吸,无法吸收水分与营养。

(6)抹芽除萌:移植成活后,对萌芽能力强的树种,原则上当年不抹芽,以利大树生长。次年除去基部树干枝条,在适当高度保留轮生骨干枝5~7枝,再短截1/2~1/3,在骨干枝顶端30~50厘米范围内发展树冠,经过二三个生长期培育成枝叶茂盛的景观大树。

235 大树移植后如何在2~3个生长期培育出树冠丰满的景观树?

根据观察,大多数操作者起挖大树时为了成活,盲目截干砍枝,最后将多年大树变成树桩。即使全冠装车,又受车辆超高、超宽、超长、枝梢托地的限制,人们只管运输方便,不顾树形胡锯乱砍,运到栽植地变成残废树桩。即使成活5~7年,也很难恢复景观树形,仍是一棵失去观赏效果的活树桩。如何短期培育出树冠丰满的景观树?具体操作方法如下:

起挖大树前首先观察树的原始骨干枝、轮生枝分布状况,按车辆限宽、限高、限长(最好用拖挂大板车),控制短截骨干枝及轮生枝,形成圆锥形或杯形,再将骨干枝、轮生枝的小枝条全部剪除。栽植后用草绳将树体自下而上缠绕注水保湿。冬季再用塑料薄膜包裹,若发现萌芽,及时将薄膜撕破。还可以用稻草对树体从上至下进行掩盖包装,起到冬季防寒、夏季保湿的作用。春、夏、秋三季对树体进行雾化保湿,根部采取滴灌,或者用塑料薄膜、锯末、稻麦糠覆盖根部,改善大树生存环境。照此方法操作,经过二三个生长期后,定能培育出树冠丰满的景观大树。

236　苗木栽植后期出现不良症状如何解决?

(1)苗木栽植后期出现叶片失绿、无光泽、发黄、发白,芽不萌动,嫩枝条叶片下垂萎缩现象,这些表现说明苗木失水,应增加树体水分,减弱树冠蒸腾量。解决方法如下:

①树干缠绕草绳注水保湿,雾化叶面,重点在叶片背面喷水,避开高温(中午前后),一天 2~4 次。

②通过枝条回缩修剪,集中树势,减弱枝冠水分消耗,保持树体水分代谢平衡。

③搭建遮阴网,遮阴时间为 15~20 天。

④减少水分蒸发,树干、树冠喷洒蒸腾抑制剂。

⑤用药物——树动力、活力素、核能素、施它活对苗木进行输液,补充营养物质。

(2)后期出现叶片干枯、发青、发白,不落叶,这说明根部积水过多,应及时排水。解决办法为:在土球、裸根外围挖排水沟,沟底在土球、裸根下 20 厘米处,保持沟内排水畅通,晾晒 5~7 天。

(3)后期出现叶片干枯、发黄、发白甚至大量落叶;根系皮层木质部发白,韧皮层、网络形成层发黑。大多是留枝过多,严重缺水。解决办法为:重剪树冠,浇灌透水。

(4)后期出现枝叶干枯却不落。大多是栽植地被污染或污染水浇灌,根系受侵蚀。再者栽植地水泥块、石块、砖、砂滞留过多,影响土壤的酸碱度,苗木不适应。解决方法为:更换种植土或用稀施美、磷酸二氢钾喷洒叶面,促进叶片恢复正常生长。

(5)树冠上部枝叶干枯、下部生长正常。多是栽植过深,排水不畅,抑制根系呼吸造成的。解决方法为:从根盘外围挖环形深沟,喷洒生长激素,树冠喷洒蒸腾抑制剂,晾晒 5~7 天,托底抬高重新栽植。

(6)后期出现整株叶片萎蔫、树势衰弱。很可能是根部积水造成烂根、回填土不实造成晾根,根系无法从土壤中吸收营养、水分,导致树势衰弱。解决方法为:从根盘外围挖洞逐步向里检查根系,若发现根系变黑、恶臭、腐烂,应锯除,直至露出新生组织,然后刷涂补剂,过半日后用根动力浇灌根系,起消毒杀菌、促生新根作用。若发现根系周围有空洞,应回填种植土。

237　绿化工程竣工初验、终验时间如何规定?

根据有关绿化工程竣工验收资料提供:

(1)乔木、灌木栽植竣工后10天内进行初验,满一年后组织验收称"终验"。

(2)草坪栽植应在当年成活后,郁闭度达到95%以上进行验收。

(3)花坛栽植一二年生花卉及观叶植物,应在栽植15天后进行验收。

(4)春季栽植多年生草本宿根花卉,应在当年出土发芽后进行验收。

(5)秋季播种的苗木、花卉应在次年春季生长茂盛时进行验收,其成活率应达到95%以上。

238　如何做绿化工程竣工验收单(表格)?

竣工验收后填写绿化工程竣工验收单,经施工单位、建设单位、监理单位三方共同签字、盖章生效。

绿化工程竣工验收单

工程名称:		工程地址:	
绿化面积(m²):			
开工日期:	竣工日期:		验收日期:
苗木成活率(%):			
花卉成活率(%):			
草坪成活率(%):			
整形修剪评定:			
地面平整、卫生评定:			
附属设施评定意见:			
全部工程质量评定及结论:			
施工单位:	建设单位:		监理单位:
签字:	签字:		签字:
公章	公章		公章
备注:			

239 绿化工程验收质量标准如何规定？

根据有关绿化工程竣工验收资料提供：

（1）乔木、灌木成活率应达到 95％ 以上，珍贵树种和孤植树应成活。

（2）强酸、碱性及干旱地区各类苗木成活率不低于 85％。

（3）花卉栽植地应无杂草，各种花卉生长旺盛，成活率应达到 95％。

（4）草坪无杂草、枯黄，覆盖率应达到 95％。

（5）栽植的苗木、花卉整形修剪应符合设计要求。

（6）绿地整洁、表面平整。

（7）绿地附属设施工程验收质量应符合《建筑安装工程质量检验评定统一标准》。

240 绿化工程初验、终验后仍有苗木死亡，原因是什么？

（1）苗木死亡多是浇灌水次数多、土壤温度低，不生新根，造成苗木长期萎蔫干枯死亡。

（2）苗木死亡多是根部积水，集聚二氧化碳、有机酸浓度增高、缺氧，造成根系腐烂，苗木长期萎蔫干枯死亡。

（3）苗木栽植太深，抑制根系呼吸，无法从土壤中吸收水分、营养，造成苗木长期萎蔫干枯死亡。

（4）苗木栽植太浅，干旱、缺水，首先死去的是毛细根，吸水器官坏死，造成苗木长期萎蔫干枯死亡。

（5）带土球、裸根苗木栽植，回填土（块）与根系结合不实，有空隙，晾根，造成苗木长期萎蔫干枯死亡。

（6）带土球苗木栽植，包装物未清除，积水、发热、发酵，根系腐烂，造成苗木长期萎蔫干枯死亡。

（7）种植土不符合苗木生长发育的需求，造成苗木长期萎蔫干枯死亡。

（8）苗木自身的病虫害，造成苗木长期萎蔫干枯死亡。

（9）周围环境污染、气候恶劣，造成苗木长期萎蔫干枯死亡。

园林绿化300问

第六章

绿化工程后期管理

241　什么是绿化工程后期管理?

　　绿化工程后期管理指已竣工初验的绿化工程。对其栽植的苗木、花卉、草坪、绿篱等植物连续累计 12 个月(一年)成活,所发生的缺失补栽、浇灌水、除草、施肥、修剪、防治病虫害、清洁卫生及维修绿地附属设施的管理。

242　为什么说"养护期内控制苗木浇灌水次数是关键"?

　　俗话说"苗死苗活在于水"。土壤中水分过多就会发生水涝,造成树体生理活动障碍而死亡。土壤极其干燥就会发生干旱,造成树体水分严重亏缺而死亡。在养护期内控制苗木浇灌水很关键。根系劈残、损伤,吸收水分、营养能力差,若根系长期浸泡在稀泥浆里,温度低、缺氧、二氧化碳聚集,厌氧菌大量繁衍,根系腐烂,造成苗木死亡。要经常检查土壤墒情,干透浇透,杜绝半截水。苗木生长最佳土壤含水量是 30% ~ 40%,日常是罐车和水管单株浇灌水、普遍喷灌水、苗圃地漫灌水等方式,水量多少无法控制。浇灌又是深井水,与土壤温度温差太大,不利于苗木生长,所以浇灌水次数越多越影响苗木生长。苗木最佳生长土壤温度是 14 ~ 18 摄氏度,土壤温度过低或过高都不适应苗木生长。根据实地测试,每浇灌一次深井水,土壤温度急剧下降,数日后才能缓解恢复常温。特别是冬季浇灌水,土壤温度更低,苗木 5 ~ 7 天停止生长。所以控制苗木浇灌水次数很有必要,尽量避免用深井水、自来水浇灌苗木(水温低于 10 摄氏度),大力提倡坑水、河水、池塘水、晒水浇灌苗木。

243　陡坡(大坝护坡、河道护坡、公路护坡、土假山坡)苗木栽植如何浇灌水?

　　根据实地观察,陡坡栽植苗木,浇灌水、降雨坡面径流造成水土严重流失,出现乔木倒伏,花灌木、草类根系、种球赤裸地表,绿化效果差。解决方法为:坡面预先种植草坪密闭后,再挖栽植坑、槽浇灌足底墒水,随后栽植苗木、花卉,架水管雾化、渗透土壤,也将植物叶面清洗得干干净净,充分发挥植物的光合、蒸腾作用,也改善了局部环境湿度,坡面水土不流失,既提高了苗木花卉成活率,又增添了绿化景观效果。

244　修剪苗木的定义是什么?

　　修剪苗木的定义,有狭义与广义之分:狭义指树木某器官"枝、叶、花果"加以疏删或短截,以达到调节生长、开花、结果的目的。广义指树木整形,例如

"剪、锯、捆、扎",使树形长成栽培者所期待的树形。

245 修剪苗木的作用和目的是什么?

修剪苗木的作用是:促进苗木生长、控制旺长、调整树势、培养具有观赏性的树形。目的是:培育高质量苗木,多开花、多结果,提高景观效果和经济效益。

246 修剪乔木、灌木应符合哪些规定?

(1)有明显主干的高大乔木,应保持原树形,适当疏枝,保留主侧枝,剪去健壮分枝的 1/5 或 1/3。

(2)无明显主干、枝条茂密的灌木,可疏枝保留树形。也可选留主枝、侧枝保留原树形,修剪成密实球形。

(3)枝条茂密具有圆头形树冠的常绿乔木可适量疏枝,枝叶集生树干顶部不修剪。具轮生枝的常绿乔木作行道树时,可剪除基部 2~3 层轮生枝。

(4)常绿针叶树不宜修剪,只需剪除病虫害枝、干枯枝、衰弱枝、过密的轮生枝和下垂枝。

247 修剪花灌木、藤类苗木应符合哪些规定?

(1)春季开花的枝条是头年形成的,秋末冬初不宜修剪,只剪除无花芽的秋梢嫩头,等待开花衰败后整形重剪。当年开花的枝条应在秋末初冬整形重剪,促使次年萌发壮芽、多开花、多结果。

(2)枝条茂密的花灌木可适量修剪。

(3)主干低矮、分枝明显应顺其树势适当强剪,促生新枝、多开花、多结果。

(4)做绿篱或片植的花灌木,按设计要求修剪整形,平时控制整形。

(5)藤类苗木剪除过长部分。

248 怎样修剪果树?

传统果树修剪整形使树干低矮,骨干枝四周放射,形成三弧、六杈、十二枝树形,产量较低,应转换成"主干型轮生枝挂果"的新观念,这种"宝塔"树形的最大优点是密度大、株数多、采光通风、产量高、树龄长。具体操作方法:

(1)修剪时间:冬剪指 11 月至次年 3 月,夏剪指 5~7 月。

(2)培养果枝:选留基部轮生果枝,修剪角度以 45 度为最佳。角度过小影响通风透光;角度过大枝杈容易劈裂,结的果压枝下坠。盛果期补救措施:在分枝点开叉上部用粗绳捆牢,下部长果枝架木棍支撑,相互交叉的果枝应短截1/3,上部轮生枝适当短截,培育侧生果枝。

(3)修剪诀窍:旺树轻剪,弱树强剪,幼树轻剪,老树重剪。旺长枝条剪强留弱,剪直留平。对于形成产量大小年的果树,大年重剪、小年轻剪。

249 修剪苗木的质量要求有哪些规定?

俗话说"宁让树受伤,不让树扛枪"。所谓扛枪,指修剪留下木桩(橛)。操作时应紧贴树干剪除。具体操作方法如下:

(1)剪口、锯口应平而光滑,紧贴树干,不得劈裂。

(2)枝条短截、修剪时要留外芽,锯口、剪口应位于距留芽位置1厘米处。

(3)修剪松柏类苗木剪口、锯口不贴树干,应留1~2厘米木桩,今后生长树干不留疤痕。如果剪口、锯口紧贴树干,以后生长会留疤痕或空洞。

(4)修剪直径2厘米以上粗枝,断面必须刷涂药物。

250 哪些苗木、花卉不能修剪?

常见的不能修剪的苗木花卉品种有花椒、铁篱寨、刺梅、米兰、一品红、芙蓉、杜鹃、茶花、茶梅、龟甲冬青、六月雪、夹竹桃、牡丹、石榴、常春藤、凌霄、地锦、紫藤、金银花、南天竹、棕竹、鱼尾葵、蒲葵、爬壁藤、翠兰松、铁树、南洋杉、雪松、刺柏、龙柏、凤尾柏、地柏、桧柏、洒金柏、扁柏、侧柏、毛旦松、火炬松、白皮松、刺杉、水杉、云杉、蜀桧、十大功劳、毛竹、八叶金盘、紫荆、樱花、碧桃、法青、蚊母、扶桑、木槿、迎春、连翘等。

251 园林绿化常用树形有几种?

通过修剪整形、调节树势强弱,使苗木生长发育更好,树姿优美、叶茂花艳,提高园林绿化的质量及观赏效果。常用树形如下:

(1)垂直柱形:苗木有中心主干,逐年短截提高,基部周围均匀着生轮生主侧枝,控制修剪主侧枝冠幅,直径分别是100—120—140—160厘米,5~7年生长期高250~350厘米,彩色柱形苗木,十分壮观。例如:红叶石楠柱形、北海道黄杨柱形、金叶女贞柱形、小叶女贞柱形、法青柱形等。

(2)尖塔形:苗木有明显的中心主干,主干顶芽逐年向上生长,自下而上着生很多轮生枝,下部主枝较长。例如:雪松、金钱松、白皮松、云杉、罗汉松、水杉等。

（3）自然圆柱形：苗木有中心主干，主干顶芽逐年向上生长，从主干基部开始向四周均匀地着生许多轮生枝，枝条从下到上，长度略有差别。例如：蜀桧、河南桧柏、刺柏等。

（4）合轴主干形：多是剪除苗木中心主干顶端枝条，由下部侧芽重新获得优势来代替原来主枝，向上生长，它的轮生枝、侧枝很多。例如：楝树、刺槐、国槐、马褂木、枫杨、楸树等。

（5）观赏风景形：这种树形按照管理者的意愿生长，即分枝点没有固定高低，根据立地条件和环境而定，树形轮生枝少，徒长枝随时短截，再萌发新枝条，使树冠继续扩大，树冠内膛始终枝叶紧凑茂密，观赏效果极佳。例如：石楠、法青、桂花、香樟等。

合轴主干形树冠

（6）灌丛形：苗木主干不明显，自基部留主枝 9～12 枝，顺次用枝条来替补，每年保持开花、结果。例如：紫荆、日本海棠、夹竹桃、丛生白蜡、紫穗槐、探春、红瑞木、紫叶风箱果等。

（7）高干宫灯形：苗木有明显主干，长到一定高度截干，在顶端选留或嫁接 4～5 个壮枝作为主枝培养，保持一定距离交叉重叠。每年再短截这些主枝，使树冠继续扩大。例如：高干红叶石楠、高干北海道黄杨、高干扶芳藤、高干黄杨、高干小叶女贞、高干水蜡、高干金叶女贞等。

（8）放射形：苗木中心主干顶部留 4～5 个骨干平行枝并短截，随即向上放射生长，形成高大树冠，多用于行道树。例如：法桐、枫杨、柳树等。

（9）垂枝伞状形：苗木中心主干长到一定高度截干，顶端嫁接垂槐、金钱榆，每年在枝条拱弯处短截，逐年短截扩展生长形成垂枝伞状，景观效果极佳。例如：垂枝槐、垂枝金钱榆等。

（10）圆球形：这种树形主要的特点是留一段极短的主干，主干上有很多主枝、侧枝相互错落，整形修剪成枝叶茂密的圆球形，在园林绿化中广泛应用。

圆球形树冠

例如:黄杨球、枸骨球、火棘球、扶芳藤球、石楠球、海桐球、水蜡球、小叶女贞球、蚊母球、雪柳球、龙柏球等。

（11）自然多枝形:苗木中心主干长到一定高度分生成三个骨架主枝,三个主枝分布匀称,主枝又分权,枝越分越多,相互错落、自然分布、放射生长形成茂密树冠。例如:白椿（又名千头椿）、国槐、刺槐、辛夷等。

（12）杯状形:苗木自主干上部修剪,均匀留出 3 个主枝形成一级分权,3 个主枝又各自分生 2 枝变成 6 枝,形成二级分权,再由 6 枝各分 2 枝变成 12 枝,形成三级分权。这种树形中心空、枝条向四周扩展。不仅整齐美观,而且通风透光,有利于苗木生长、开花、结果。遮阴效果特别好。常见的树种例如:法桐、重阳木、香樟、大叶女贞、栾树、国槐、辛夷、三（五）角枫等。

自然多枝形树冠

杯状形树冠

252　**如何增加行道树绿量?**

根据实地观察,城镇行道树树池,多数加铺混凝土透孔砖、花格砖、塑料网格算子,覆盖碎石块、卵石、砖石砌池、木铁件围池等形式。建议把有限空地利用起来,栽植常绿苗木,逐年控制高度,修剪成矩形、圆柱形向上生长,既增加绿量,又增添生态景观,常见的品种例如:小叶女贞、黄杨、金森女贞、刺柏、北海道黄杨、扶芳藤、红叶石楠、法青、红花木槿等。还可以栽植常绿攀附植物,吸附树干攀高生长,常见的品种例如:常春藤、小叶扶芳藤、爬壁藤等。这种做法既不影响树木生长,又提供行道树保湿环境。常绿行道树品种例如:大叶女贞、石楠、香樟、广玉兰、枇杷、大叶含笑、木兰等。在根部周围栽植攀附苗木——凌霄,在炎热夏季盛开红花,延续到 9 月,绿叶红花起到画龙点睛、锦上添花的作用,是一道亮丽的城市生态风景线,更是城市两个文明建设的重要标志。另外,树池空地栽植沿阶草、吉祥草,覆盖池面增加绿量。

253 适时、适地栽植的香樟树出现死亡现象怎么办？

适时、适地栽植的截干或全冠香樟树,部分会出现枝皮层变褐色、萎缩、皱褶,叶片萎蔫下垂,这时要积极采取技术措施保成活,否则便成永久性的死树(采购时注意:香樟树叶片正面发黄、背面褐色、皮层棕色斑块视为营养不良或病树,影响成活)。根据经验,从地颈上 10 厘米高处或萌芽处截除,断面刷涂药物,二年后又是一株完美的香樟树,或是一株冠幅丰满的香樟大球。

254 苗圃地带土球苗木移植后,漫灌水出现倒伏、死亡现象怎么办？

苗圃地移植带土球苗木漫灌水过程经常出现苗木倒伏,栽培者出于职业习惯顺手扶正,实为好心办坏事。例如:红叶石楠会出现干枝皮层变棕色、褶皱、萎缩,叶片干枯,最终死亡。解决方法为:漫灌水后,等待 3～5 天地表不湿,这时将倒伏苗木起挖纠正,仍然是一株继续生长的壮树。

255 大树(古)长势衰弱,如何复壮？

(1)将药物活力素稀释 100～150 倍后,浇灌大树根部,注意松土以利吸收,也可施苗木速长剂或增粗灵,促使大树复壮。

(2)冬、春二季在大树根部外围适当距离,或株与株、行与行之间挖沟槽进行环施或条施复合肥、有机肥(人粪尿,牛、马、羊、猪厩肥),促使大树复壮。

(3)用钢钎或木橛在大树根部周围适当距离打斜孔 5～7 个,深 50～70 厘米,施入适量的复合肥,浇灌水,用土壤封堵孔口,促使大树复壮。

(4)用同品种干径 2～3 厘米数株栽植大树地颈外围,将树干靠接大树,成活后将上部剪除,提供营养帮扶大树复壮。

(5)将常绿藤本苗木(常春藤、扶芳藤、爬壁藤)栽植大树地颈外围,依附树体生长,既改善大树湿度,又促进大树复壮。

(6)大树地径周围空地栽植常绿多年生草本宿根植物,例如:沿阶草、吉祥草。既保墒又减少杂草滋生,减轻虫害发生,促进大树复壮。

(7)大树枝叶上寄生害虫吸收营养,排泄的分泌物附着厚厚的煤灰粉尘,枝叶呼吸受阻,出现枯枝败叶,严重者全株死亡。解决方法为:疏枝叶,短截骨干枝或轮生枝,从新萌发枝冠,通风透光,减少虫害和煤烟病发生,达到大树更新复壮、延长树龄的目的。

256 高温下草坪长势不好怎么办？

常见冷地型草坪草品种有黑麦草、早熟禾、白三叶、红花草、福禄考。常见暖地型草坪草品种有马蹄筋、过路黄。在炎热的夏季叶片出现枯黄、褐斑点、枯萎半休眠状态,甚至出现成片死亡现象,这种带病菌(种子携带)生理现象是可以避免的。具体操作方法如下:

(1)加强管理,及时浇灌水、施肥、修剪。

(2)出现褐斑点、枯萎半休眠状态甚至成片死亡的植株,应整株铲除(包括种植土),进行销毁。

(3)进入高温期,若发现叶片枯黄、褐斑点、萎蔫现象,在1~2天内喷洒药物——绿酮粉2~3次,使草坪逐渐恢复正常生长。

257　如何使暖地型草坪提前并延长绿期?

在初春、秋末前对暖地型草坪喷施药物——草绿素2~3次,可以使草坪提前返青、延长绿期,提高实用性与观赏效果。

园林绿化 300 问

第七章

园林绿化草坪种植

258 **什么是草坪**？

　　草坪又称"草地"，是城市绿化的重要组成部分，是园林中清洁舒适的绿色地面，为人们休闲活动提供良好的场地。草坪可与乔木、灌木、花卉构成多层次的绿化布局，形成绿荫覆盖、高低错落、繁花似锦的优美景观。草坪犹如园林的底色，对树木、花卉、山石、道路、广场、建筑物等起衬托作用，能把园林中的景观统一协调起来，构成有机的整体。

259 **为什么说"草坪是城市园林绿化的重要组成部分"**？

　　草坪深入人们的生产和生活，对人们赖以生存的环境起着美化、保护和改善作用。草坪在防尘（烟尘、粉尘、灰尘）、减少水土流失、调节小气候、清新空气、减弱噪声、维护生态平衡等方面起着重要作用，是人类社会物质文明、精神文明的一个重要内容。国际上把草坪建设作为衡量现代化城市建设水平的重要标准之一。

260 **草坪对环境保护作用有哪些**？

　　（1）草坪有拦截雨水的作用。草根和草茎能固定表层土。根据有关资料数据，一亩草根系达 3000 万至 80 亿条。修剪后的草坪草根系密度更高，根系在土壤中形成网络，将表层土紧紧联结在一起，能够起到固定地表土层的作用，减少暴雨、融雪、浇灌水造成的水土流失。草坪保水能力分别是麦田的 6 倍和牧场的 4 倍。

　　（2）草坪有净水的作用。地表草坪像一层厚厚的过滤系统，在降低地表径流的同时沉淀或吸附大量固体颗粒，从而降低了地下水源被污染的可能性。

　　（3）草坪有改良土壤结构的作用。草坪是有机生态系统，为大量微生物提供了一个良好的生存环境，从而加速了植物根、茎、叶的腐殖化，这一过程有效地改善了土壤的化学成分和物理结构。

　　（4）草坪有改善小气候的作用。在住宅周围建植草坪，能开阔空间，提高建筑物的通风透光机能。稠密的草坪保水性能好，草坪通过叶片的蒸腾作用，既能增加空气湿度，又能调整昼夜温差。根据有关资料数据，夏季草坪的地温比裸露地面的温度平均低 5 ~ 7 摄氏度，冬季草坪的温度比裸露地面的温度平均高 6 ~ 8 摄氏度。草坪给人们创造一个温暖、湿润、舒适的生活环境。

　　（5）草坪有净化空气的作用。草坪是二氧化碳的消耗者，也是氧气的制造者。根据有关资料数据，1 公顷草坪每天吸收二氧化碳 9 千克、放出氧气

6.5 千克。每人有 25 平方米的草坪,就能把一天呼出的二氧化碳全部转化为氧气。在人口密集的城市里,没有绿色植物吸收二氧化碳和制造氧气,人类就无法生存。

(6)草坪对烟尘、粉尘、灰尘有吸附作用。人们生活、工作在弥漫着烟尘、粉尘、灰尘的环境中,会严重损害公众的身体健康。草坪对飘尘有很强的吸附、过滤、阻挡作用。根据有关资料数据,草坪减尘作用比裸地大 70 倍,草坪上空的含尘量比城市上空的含尘量减少 2/3。

(7)草坪有杀死细菌、预防疾病传染的作用。草坪能分泌出多种挥发性杀菌素,杀死细菌并且吸收放射性物质。根据有关资料数据,草坪上空的细菌含量仅为公共场所上空的 0.03%。

(8)草坪有减缓太阳辐射、保护和恢复人们视力的作用。草坪能吸收太阳强光中的紫外线,减弱太阳光对人类眼睛的损伤,尤其对保护青少年视力和恢复视神经疲劳有较好功效。

(9)草坪可以调节人们心理状态。草坪使人们感到兴奋、消除疲劳、恢复体力、焕发精神,提高工作效率。

261　草坪的景观作用有哪些?

(1)城市的建筑物高低错落、形态各异、色彩繁多。草坪与建筑物配植,相互起到衬托作用,也起到净化、简化、统一视觉的作用,使固定不变的建筑物富有生机。

(2)草坪与乔木、灌木配植,起到调和衬托作用;与花卉配植,可形成多样的花纹图案,加强了整体绿化效果。

(3)草坪与孤植大乔木配植,起到衬托宏伟、壮观功能,扩大了空间感。

(4)草坪与丛林配植,起到若隐若现,加强景观纵深感的效果。

(5)草坪与园林小品、山石、溪流、湖池、微地形配植,融于自然增加野趣。

(6)草坪与庭院配植,起到陪衬、烘托气氛作用,形成优美舒心的庭院景观。

262　草坪按使用功能分几种?

草坪按使用功能,可分为游憩草坪、运动场草坪、观赏草坪、放牧草坪、护坡草坪、飞机场草坪、林地草坪。

263　什么是冷地型草坪? 草的品种有哪些?

冷地型草坪称"寒地或冬绿型草坪"。它的主要特点是耐寒性强、终年常绿状态、雨季生长旺盛。常见品种有高羊茅、黑麦草、早熟禾、本特四号、白三叶、吉祥草、虎耳草、麦冬、矮生福禄考、红花酢浆草、葱韭兰等。

264 冷地型草坪草的生长习性是什么？

冷地型草坪草主要生长在寒、温带地区，抗寒性极强，耐炎热，最适宜生长温度在 22～30 摄氏度，也可以忍受零下 20 摄氏度的极限低温和 40 摄氏度以上的极端高温。在夏季高温阶段呈短暂半休眠状态。

265 什么是暖地型草坪？草的品种有哪些？

暖地型草坪称"夏绿型草坪"。它进入晚秋一经霜害，茎叶枯萎退绿，冬季进入休眠状态，春季开始返青，生长旺盛。常见品种有结缕草（又名马尼拉、天堂草）、细叶结缕草（又名天鹅绒）、矮生百慕达（又名狗牙根）、马蹄筋、紫叶酢浆草、过路黄等。

266 暖地型草坪草的生长习性是什么？

暖地型草坪草在温暖季节生长最好，要求温度高和较湿润的气候条件，最适宜生长温度在 28～34 摄氏度。冬季枯黄进入休眠状态。

267 草坪草选择的标准是什么？

草坪草选择标准如下：
（1）植株低矮、长势旺盛、茎叶密集。
（2）绿期长、色泽一致、丛状或匍匐茎能覆盖地面。
（3）繁殖容易、具有旺盛的生命力、纵横生长、蔓延速度快。
（4）适应性强、抗旱、耐瘠薄、抗寒、耐热。
（5）抗病虫害、耐修剪、耐践踏、恢复快。

268 草坪种植形式有几种？

草坪种植形式有以下几种：
（1）用播种法培育草坪。
（2）用草茎撒地、土壤掩埋培育草坪。
（3）用草皮移植草坪（满铺、点铺、条铺）。

269 嵌草砖停车位栽植草坪如何操作？

多年来嵌草砖草坪停车位一直是赤地，造成赤地的原因有以下两点：

（1）嵌草砖停车位,嵌草砖下混凝土垫层一般厚12厘米,隔断了土层的通透性,不接地气。个别施工单位用电锤顺砖孔打圆孔,栽种草也无济于事。

（2）嵌草砖圆孔容量小,回填种植土极少,播种、栽植的草也只能存活十多天。

要想让嵌草砖停车位绿起来,必须做到以下几点:

（1）道路不砌路侧石(道牙),车辆无障碍进入嵌草砖停车位。路面雨水直接流入绿地。

（2）嵌草砖下混凝土垫层改种植土垫层夯实,结合层用蛭石,嵌草砖不抹灰勾缝,外三边深埋侧石,高出嵌草砖20厘米,嵌草砖停车位上平与道路路面一致。

（3）细叶结缕草具备耐旱、耐热、抗寒、耐盐碱等特性。地下根茎节间短,生长不定根,分蘖能力极强,属深根性多年生草本宿根植物。地上基茎簇生,茎叶(针状)密集,草高10～12厘米,坚韧耐践踏、弹性好、恢复能力强。春、夏、秋三季生长旺盛、色泽翠绿,冬季枯黄休眠。

（4）将细叶结缕草8～10株/丛,深栽嵌草砖孔底,捺实根系,砖孔虚填种植土、浇灌透水,成活率100%。该草管理粗放,不修剪,春、夏、秋三季勤浇灌水、施肥,长势旺盛。

270 草类播种操作方法如何?

（1）种子处理:浸泡种子、冲洗种子、揉搓种子。

（2）播种时间:冷地型草适合夏末初秋播种,暖地型草适合春末初夏播种。

（3）播种量:播种量取决于种子质量好坏、种粒大小、土壤状况,应根据种子千粒重来计算,理论上应保证每平方米2 000～3 000株。

（4）播种。

①种子细小可以掺土或干沙拌匀、撒播,撒播后用耙子顺单一方向轻耙覆盖,使种子混入土壤中1.5～2厘米。然后用碾子碾压或用工具拍打,使种子与土壤紧密结合,有利于种子发芽。随即架水管雾化透水,也可用稻草、草帘、塑料薄膜覆盖,5～17天出全苗。

②整地:用平板铁锹铲去畦宽150厘米、深1.5～2厘米表层土堆积一旁,将拌好的种子均匀地撒播在畦面上,然后整理下畦表层土覆盖在上畦种子上,随即用碾子碾压或用工具拍打,使种子与土壤紧密结合,等待降雨,出苗率100%。

③培育商品草方法 A:按播种②的办法操作,区别是铲去表层土,然后用碌子往返碾压,随后撒播种子,覆盖种植土厚 1.5～2 厘米,这样操作的目的是不让草向深层扎根。必须做到架水管雾化,要求春、秋、冬三季覆盖塑料薄膜。草坪出售时便于起挖,打捆包装上车。

④培育商品草方法 B:整理出畦宽 150～200 厘米、中间微高夯实的育苗床,床与床之间留 40 厘米宽步道(排水沟)。床面覆盖无纺布或塑料薄膜,将混播草种子拌和草炭土(蛭石)均匀地撒摊在床面上,厚 2 厘米,架水管雾化,5～17 天出全苗。草坪出售时,分割、打卷包装上车。

271 **为什么说"冷地型草最适宜的播种时间是夏末初秋"?**

冷地型草最适宜的播种时间是夏末初秋,这时土壤温度在 13～15 摄氏度,此时播种发芽迅速。只要水肥、光照条件适合,幼苗就能旺盛生长,秋季温度较低,还能抑制杂草生长,次年能掩盖杂草生长,有利于冷地型草生长发育。

272 **为什么说"暖地型草最适宜的播种时间是春末初夏"?**

暖地型草播种最适宜的土壤温度在 15～17 摄氏度,因此春末初夏播种暖地型草最为适宜,这时可为初生的幼苗提供良好的温度条件,促进暖地型草生长发育。

273 **混播草播种如何操作?**

(1)结缕草属禾本科,地被多年生草本宿根植物,暖地型草坪草(绿期 290 天)。该草地下主根深、须根多,地上匍匐茎蔓细长、节间短着地生根、纵横走茎、蔓延迅速、扩展能力极强,叶片细腻致密、叶色翠绿。生长习性喜光、稍耐阴,喜温暖潮湿又具有一定耐寒能力,耐热、抗旱、抗盐碱、耐瘠薄,适宜排水良好的黏土地生长。最大的特点是质地柔软、有较好弹性和韧性、耐践踏、再生能力极强、养护管理粗放,是理想的运动场草坪。

(2)早熟禾属禾本科,地被多年生草本宿根植物,冷地型草坪草(绿期 365 天)。该草呈疏根状茎及须根,地上茎叶直立、丛生,叶片长条形、颜色光亮翠绿。生长习性喜阳、耐阴,抗寒性突出,耐热性强,抗旱性差,耐贫瘠、抗病能力强、繁殖力极强、耐践踏,适应运动场、公共绿地草坪。

(3)黑麦草属禾本科,地被多年生草本宿根植物,冷地型草坪草(绿期 365 天),地下细弱根状茎、须根稠密。地上茎叶直立,基部倾斜丛生,质地柔软,叶片窄长、深绿色。生长习性喜温暖、喜湿润、喜阳、耐阴性强、耐瘠薄、耐践踏、抗旱性差、不耐热,夏季呈短暂半休眠状态,适应运动场、公园、公共绿地草坪。

(4)播种量:结缕草种子、早熟禾种子、黑麦草种子各占 1/3。结缕草种子每平方米 4~6 克,早熟禾种子每平方米 6~8 克,黑麦草种子每平方米 7~9 克。

(5)整地:清除土壤中建筑垃圾、杂草,整出疏松、透气、平整、排水良好的种植地,同时追施有机肥和无机底肥,适量施些黑矾或石灰粉调整土壤酸碱度,pH 值在 5~7。

(6)播种:① 细小的种子可以掺细土或干沙拌匀撒播,用耙子顺一方向轻耙覆盖,使种子混入土中深 1.5~2 厘米,然后用碌子碾压或用工具拍打,使种子与土壤紧密结合,有利于种子发芽,架水管雾化透水,然后用稻草、草帘、塑料薄膜覆盖,5~17 天出全苗。② 逐畦铲土覆盖种子,用碌子碾压或用工具拍打,等待降雨,出苗率 100%。

274 草坪养护管理的内容是什么?

养护管理是保证草坪正常生长的重要措施,养护管理内容如下:

(1)浇灌水要避开中午,水渗透土壤 12 厘米以上,初春秋末各浇灌一次返青、越冬水。

(2)清除杂草、打孔疏草、切边。

(3)每亩化肥施用量 15~20 千克,氮、磷、钾比例控制在 5:3:2 为宜。

(4)修剪原则:每次剪去草高 2/3 为宜。

(5)病虫害防治。

(6)缺苗补栽。

(7)草坪草根系浅不抗旱,前一二年可多覆盖几次细土,每次覆盖细土厚度控制在 0.8~1.2 厘米,增强抗旱能力。

(8)保持草坪整洁、干净、无杂物。

275 修剪草坪的作用是什么?

(1)修剪草坪能控制生长高度,使草坪经常保持平整美观,适应人们活动的需要。

(2)修剪草坪还可以抑制草坪中混生杂草开花结子,使杂草失去繁殖后代的机会,逐渐清除。

(3)及时修剪草坪,避免草垫过厚,影响通风采光,草坪退化,防止地表潮湿、病菌侵染、茎叶腐烂枯萎死亡。

（4）修剪草坪促使根基分蘖，增加草坪的密集度与平整度。

（5）修剪草坪还能增加弹性，这是因为多次修剪留下的草脚基部增多了，踩踏上去不仅使人产生弹性感受，而且能增强草坪的耐磨性。

（6）秋末修剪暖地型草坪，可延长绿期。初夏修剪冷地型草坪，可增强越夏能力。

276　草坪为什么要适当踩踏？

人们普遍认为，保护草坪的最佳方式是不去踩踏。实际上适度踩踏对草坪草生长发育好。草坪草几乎是所有草类植物中最耐踩踏的一种，踩踏有利于分蘖和向深层扎根，增强耐旱能力，形成致密草坪，增强耐磨性，所以适度踩踏是必要的。

277　高羊茅（草）系列品种大凤凰、猎狗、红宝石等生长习性是什么？

高羊茅（又名苇状羊茅），属冷地型（地被）多年生草本宿根植物。该草根系发达、强健粗壮，有能力穿透紧密的下层土壤。地上簇生茎叶高度20～30厘米，叶子较宽、色泽浓绿，分蘖再生能力强。在炎热的夏季没有休眠期。具有吸收深层土壤水分的能力，多雨季节能储备水分，不择土壤、适应性强。繁殖方法：播种、分株。它是飞机场的最佳绿化材料，也是覆盖地面、堤坝、护坡等首选常绿草本植物。

278　黑麦草系列品种佳丽、绿宝石、阳光等生长习性是什么？

黑麦草属冷地型（地被）多年生草本宿根植物，地下具有细弱的根状茎、须根稠密。地上茎叶丛生倾斜、质地柔软，叶片窄长、深绿色。生长习性喜温暖、湿润、耐阴、凉爽的环境，抗旱性差、不耐热，夏季呈短暂半休眠状态，分蘖能力强、耐践踏。繁殖方法：播种、分株。是适宜公园、庭院、广场、公共绿地、微地形等栽植的常绿草本植物。

279　早熟禾（草）系列品种蓝月、午夜、优异、蓝宝石等生长习性是什么？

早熟禾属冷地型（地被）多年生草本宿根植物。地下疏根状茎、须根多。地上茎叶丛生柔软，叶片条形、色泽诱人，观赏效果好。生长习性抗严寒突出、耐阴性极佳、抗干旱、耐热性较强，适应质地疏松的土壤生长。繁殖方法：播种、分株。是适宜庭院、公共绿地、堤坝、护坡等栽植的常绿草本植物。

280 匍匐剪股颖（草）的生长习性是什么？

匍匐剪股颖（又名本特四号），属冷地型（地被）多年生草本宿根植物。地下具有细根状茎，地上匍匐枝上虽能生根但入土较浅，纵横蔓延生长，可把地面覆盖得严严实实，叶片质地柔软、色泽翠绿。生长习性喜冷湿（凉爽气候）、极耐阴、不耐旱，夏季适应性差，每隔 1 ~ 2 年必须更新或打孔切断根系，调整长势。平时浇灌水、修剪不及时将导致草垫过厚、过密，基部茎叶通风采光不好，造成叶片变黄，基茎霉烂死亡。繁殖方法：播种、分株。该草生长迅速、绿色效果好，可作突击性应急绿化材料。是适宜建筑物背阴处、疏林下栽植的常绿观赏草本植物。

281 白三叶（草）的生长习性是什么？

白三叶（又名白车轴草），属冷地型（地被）多年生草本宿根植物。地下主根短、侧根发达。地上匍匐茎，节间着地生根，叶腋又可长出新的匍匐茎向四周蔓延生长，长势低矮，侵占性强、固土保墒能力强。生长习性喜温凉、湿润，抗寒又耐热，在积雪覆盖条件下零下 40 摄氏度也能安全越冬，夏季呈短暂半休眠状态。适应含钙质及腐殖质黏土生长。繁殖方法：播种、分株、切茎分栽。是适宜坡面、路肩、庭院、公园、微地形、疏林下栽植及公共绿地片植等的常绿优秀观赏草本植物。

282 红花酢浆草的生长习性是什么？

红花酢浆草（又名红花草、太阳花），属冷地型（地被）多年生草本宿根植物。地下肉质块根状茎、分蘖能力极强。地上基部簇生茎叶，植株低矮。花期四季，晴天太阳升起花开、傍晚闭合。生长习性喜阳、耐半阴、抗寒、不耐热，夏季呈短暂休眠状态，自我保墒能力极强，适应肥沃、疏松的沙质土壤生长。繁殖方法：播种、块茎分栽。是适宜庭院、学校、机关、工厂栽植及公共绿地镶边或片植的常绿优秀观赏草本植物。

沿阶草

283 沿阶草的生长习性是什么？

沿阶草（又名麦冬草、书带草、绣墩草），属冷地型（地被）多年生草本宿根植物。地下匍匐根状茎，先端结肉质块根状。地上茎叶呈禾草状,密集成丛,叶宽线形,草高20~25厘米,花期春、夏、秋三季。生长习性抗寒、耐热性强、喜阴湿、耐瘠薄,对土壤要求不严。繁殖方法:分株、播种。是适宜花坛、花池、微地形、疏林下栽植及公共绿地片植或盆栽的优秀观赏草本植物。

284 吉祥草的生长习性是什么?

吉祥草(又名松涛草、观音草),属冷地型(地被)多年生草本宿根植物。地下匍匐根状茎,节间生根、先端分蘖,再生能力极强。地上根基簇生茎叶,叶宽线形,草高25~30厘米,花期秋季。该草耐寒、抗热、极耐阴、极耐涝,适应肥沃的沙质土壤生长。繁殖方法:播种、分株。它是优良的常绿草本植物,适宜疏林下、建筑物背阴处栽植,观赏效果特别好。

285 福禄考(草)的生长习性是什么?

福禄考(又名桔梗石竹),属冷地型(地被)一二年生草本植物。地下直生根、须根多。地上匍匐茎蔓生成草垫状,节间着地生根。羽叶针状、聚伞状花序,花期初春。花色:蓝色、紫色、红色、粉红色、白色等。生长习性喜阳光充足,适应肥沃、湿润的石灰质土壤生长,忌积水和过分干旱及盐碱性土质。繁殖方法:扦插为主,根插于春季、茎插于秋季。是适宜机关、院校、医院、庭院栽植的常绿观赏草本植物。

286 虎耳草的生长习性是什么?

虎耳草(又名猫耳草、井荷叶、岸边草),属冷地型(地被)多年生草本宿根植物。地下主侧根、须根多。地上簇生茎叶、丝状,匍匐茎蔓,节间着地生根。叶片胃脏形,正面绿色具有白色网状脉纹,背面白色、紫色、红色,圆锥形花序,夏季开花。喜生长在山谷、河道、溪流、井壁等阴湿处。繁殖方法:扦插、播种。栽培要选择阴暗潮湿处,不可过分干燥和暴晒。由于植株小巧、叶形奇特,适宜疏林、建筑物背阴处、棚架下、池塘边、溪流边、假山栽植,能将固定不变的石假山、土假山掩盖成自然青山,也可以盆栽悬挂廊下,十分高雅别致。

287 细叶结缕草的生长习性是什么?

细叶结缕草(又名天鹅绒),属暖地型(地被)多年生草本宿根植物。地下根茎节短,节上产生不定根,属深根性植物,根茎分蘖性极强。地上簇生茎叶、直立密集针状,草高10~12厘米。生长习性喜阳、耐旱、抗寒性强、耐阴湿,与杂草竞争力极强,外观平整不修剪,坚韧耐践踏、恢复能力极强,耐盐碱性极强、不择土壤。繁殖方法:播种、分株(丛)。是适宜广场、游园、庭院、机关、院校、宾馆、住宅区、停车场(嵌草砖)栽植,也可栽植于河道、池塘、土假山、微地形、固土护坡的理想草本植物。

288　马蹄筋(草)的生长习性是什么?

马蹄筋(又名金钱草),属暖地型(地被)多年生草本宿根植物。地下直深根及须根。地上植株低矮,节间着地生根,匍匐纵横走茎,侵占能力极强,茎蔓网状尤如地毯。叶片扁平近似马蹄,花期春、夏二季。生长习性耐阴、耐瘠薄,自我保墒能力强。冬季枯黄进入休眠期,春季返青早。繁殖方法:播种、分株。是适宜公共绿地、疏林下片植的优秀观赏植物。它是世界上公认的河道、公路、铁路、堤坝、护坡固土首选草本植物。

289　紫叶酢浆草的生长习性是什么?

紫叶酢浆草(又名红三叶),属暖地型(地被)多年生草本宿根植物。地下肉质块根状茎。地上基部簇生茎叶,长柄小叶 3 片形成掌状,叶片紫红色。花期 4～9 月,清晨开花、傍晚闭合。生长习性喜阴、喜湿润、不耐寒,冬季枯萎进入休眠期。适应排水良好、含腐殖质多的沙质土壤生长。繁殖方法:播种、分株。盆栽可用来布置阳台、窗台、书桌、几架等,是适宜花坛、花池镶边、公共绿地片植的观赏草本植物。

290　过路黄(草)的生长习性是什么?

过路黄属暖地型(地被)多年生草本宿根植物。地下直生根系,侧根细弱,根部分蘖。地上匍匐茎蔓,节间着地生根,叶腋又能长出新的匍匐茎向四周蔓延,草高 2～2.5 厘米。卵圆形叶片、金黄色,花期 5～7 月。生长习性喜阳、喜湿润、耐热,适应肥沃沙质土壤生长。繁殖方法:播种、分株,是适宜公共绿地、庭院色块、花池镶边的观赏草本植物。

291　元锦(草)的生长习性是什么?

元锦(又名兰花铺地草),属冷地型(地被)多年生草本宿根植物。地下主生根、须根多,根部萌芽力极强。地上基部茎叶成丛,植株密集低矮,长柄,叶片卵形,顶生总状花序,早春兰花开。生长习性喜阳、耐半阴、抗寒性极强,涵养水分、侵占性强。适应湿润肥沃的沙质土壤生长。繁殖方法:分株、扦插、播种,是城镇园林绿化理想的观赏草本植物。

292 萱草的生长习性是什么?

萱草(又名忘忧草、黄花菜、金针菜、金娃娃),属暖地型(地被)多年生草本宿根植物。地下肉质块根状茎。地上基部簇生茎叶,叶形条状,丛高 25 ~ 30 厘米,花葶粗壮,聚伞花序,花期 5 ~ 10 月。花开直径 12 ~ 16 厘米,花色:橘红色、淡黄色。生长习性喜半阴、耐干旱、不抗寒。适应排水良好、含腐殖质多的土壤生长。繁殖方法:分株、播种。萱草春季绿叶成丛、夏秋花色鲜艳,是适宜庭院、水溪边、道路旁、微地形、景观带、疏林下栽植及公共绿地片植的优秀观赏草本植物。

293 矮状美人蕉(草)的生长习性是什么?

美人蕉(又名红艳蕉),属暖地型(地被)多年生草本宿根植物。地下肉质块根状茎。地上丛生茎叶、翠绿,高度 40 ~ 50 厘米,总状花序,花期 5 ~ 11 月。花开直径 12 ~ 16 厘米,花色:大红色、黄色。生长习性喜阳、温暖、湿润,不耐寒。适应排水良好、肥沃、深厚的土壤生长。繁殖方法:分切球茎。种皮坚硬,播种前需刻伤种植。美人蕉是夏、秋二季重要的观赏花卉之一。适宜庭院、机关、学校、公共绿地片植,更适应城镇道路隔离带、微地形栽植,是特优秀的观赏草本植物。

294 矮状大丽花(草)的生长习性是什么?

大丽花(又名西番莲、大理菊、天竺牡丹),属暖地型(地被)多年生草本宿根植物。地下粗壮肉质块根状茎。地上茎直立,叶片大、对生,头状花序,花期夏、秋两季。开花直径 14 ~ 18 厘米,花色:白色、黄色、红色、紫色。生长习性喜温暖、向阳,不耐寒。要求排水良好、疏松、肥沃、深厚的土壤生长。繁殖方法:分切块茎、嫩芽扦插、播种。由于植株粗壮、叶片肥大、花姿多变、色泽艳丽,堪称"世界名花之

大丽花

一"。是适宜庭院、公园、广场、公共绿地、微地形色块、色带栽植的观赏草本植物。

295　蜀葵(草)的生长习性是什么?

　　蜀葵(又名蜀季花、麻杆花),属冷地型多年生草本宿根植物。地下主根、侧根发达,根基萌发力极强。地上丛生茎直立,叶片互生,株高 150～170 厘米。叶柄腋下花序,花期 5～7 月。花色:红色、白色、粉红色、黄色、紫色。生长习性喜阳、耐半阴、抗寒能力极强。适应肥沃、深厚、湿润的土壤生长。繁殖方法:播种(自播能力极强)、分株。蜀葵植株挺拔,叶片大,交替花开数量多,颜色丰富。冬季浓绿的叶片层层叠叠,覆盖地面令人兴奋。适宜沿建筑物、围墙、路肩列植,也是公共绿地景观带、景墙栽植的理想植物,是最佳观赏草本植物。

296　鸢尾(草)的生长习性是什么?

　　鸢尾(又名蓝蝴蝶、扁竹),属暖地型(地被)多年生草本宿根植物。地下肉质球根状茎。地上簇生茎叶剑形、深绿色,花期春末初夏,花色:蓝色、白色、黄色、紫色。生长习性喜阳、耐半阴、抗干旱、不耐寒,适应温暖、湿润气候。适应排水良好、含石灰质、疏松、深厚的土壤生长。繁殖方法:分株。5 月种子成熟即可播种。它是广泛用于广场、公共绿地、道路景观带、微地形、疏林下片植的观赏草本植物。

297　芍药(草)的生长习性是什么?

　　芍药(又名假牡丹),为我国传统名花,古称"花相",属暖地型(地被)多年生草本宿根植物。地下肉质块根状茎。地上基部簇生茎叶,花期 4 月,长柄单生重瓣,花朵直径 16～22 厘米。花色以粉红为主。生长习性喜阳、喜温湿、耐半阴、耐热、抗干旱、不抗寒,适应肥沃、疏松、深厚、排水良好的沙质土壤生长。适宜庭院、机关,高台花池、公共绿地片植,是园林绿化配植中的首选观赏草本植物。

芍药

298　唐菖蒲(草)的生长习性是什么?

　　唐菖蒲(又名菖兰、剑兰),属暖地型(地被)多年生草本宿根植物。地下球茎扁圆。地上丛生茎叶、灰绿色,花葶直立,花期夏、秋两季。花开直径 9～13 厘米,花色:红色、黄色、白色、紫色、蓝色。生长习性属长日照植物,喜凉爽、忌寒冷,适应排水良好、含腐殖质多的沙质土壤生长。繁殖方法:分切球茎,种子随采即播。是适宜公共绿地、道路两侧景观带、微地形、疏林下片植的优良观赏草本植物。

299　小叶扶芳藤的生长习性是什么?

小叶扶芳藤(又名蔓卫矛),属多年生常绿藤本(地被)半木质植物。地下根系发达、须根多。地上匍匐茎蔓,节间有吸附根,着地生根,扩张生长、攀附能力强。叶片椭圆形、革质、小而厚,春、夏、秋三季翠绿,冬季叶片呈红褐色,覆盖地面效果好,管理粗放,代替草坪优于草坪。生长习性喜阳、耐阴。繁殖方法:扦插。适宜攀附在建筑物、高架桥、长廊、花架、大树上生长,也是河岸、护坡、山体固土的理想植被。

300　常青藤的生长习性是什么?

常青藤(又名常春藤),属多年生常绿藤本(地被)半木质植物。地下根系发达、须根多。地上匍匐茎蔓,节间有吸附根,着地生根,侵占性极强。叶片似五角,叶大稠密、生长旺盛,四季覆盖墙体,地面密不裸土,自我保墒能力极强,无杂草、不修剪、管理粗放,代替草坪超越草坪。生长习性喜阳、极耐阴、抗高温、耐严寒、抗病能力极强,适应深厚疏松、肥沃土壤生长。依附建筑物、围墙、棚架、高架桥下,陡壁、悬崖垂挂生长。攀附大乔木生长既增加了绿量,又提高了景观生态效果。繁殖方法:扦插。是适宜公共绿地、疏林下、路肩、边坡、河岸、护坡、山体固土栽植的首选植被,观赏效果特别好。

301　地被月季的生长习性是什么?

地被月季(又名蔷薇),属落叶藤本(地被)木本植物。地下根系发达。地上茎蔓分蘖能力极强,节间着地生根,纵横扩张生长,覆盖地面密不裸土,无杂草又涵养水分。生长高度 20～25 厘米,花期春、夏、秋三季,盛开重瓣、花色鲜艳。生长习性喜阳、耐半阴、耐高温、抗干旱、不耐湿涝。适应肥沃、疏松、深厚的土壤生长。繁殖方法:扦插。炎热雨季注意防治白粉病、锈病、煤烟病。适宜花坛、公共绿地、微地形色块、色带栽植,效果最佳,也是路肩、边坡、河岸、护坡栽植的首选观赏木本花卉。

园林绿化300问

第八章

公路绿化

302 公路绿化的重要意义是什么？

建设绿色通道是一项具有战略意义的国土绿化工程。它不仅改善沿线生态环境,稳定路基、保护路面、美化路容,而且还可以促进沿线地区的农村产业结构调整,还是一个地区文明程度的重要标志。因此,建设绿色通道是我国国土绿化大格局的战略要求,是推动两个文明建设的一项重要举措。

303 公路绿化的概念是什么？

公路绿化指公路本身建筑美的基础上,在公路用地范围内,以栽植树木及其他植物为主体,利用沿线的自然风景、吸收采纳园林小品景观配合与补充,使路容路貌尽可能完美,给行路者提供舒适优美的公路交通环境。

304 公路绿化的目标是什么？

根据线路等级、沿线地形、土质、气候等条件,做好近期和远景规划。根据有关资料,近期争取90%的现有国道、省道实现50~100米的绿化带宽度。城市"米"字形干线公路基本达到"畅、洁、绿、彩"的标准。县乡公路也应大力推进沿线绿化建设,绿化宽度宜在15~20米以上。

305 什么是公路绿化？

公路绿化是国土绿化的重要组成部分,是公路建设中不可缺少的一个重要内容。公路绿化是利用乔木、灌木、花卉合理覆盖路肩、边坡、道班、服务区周围及沿线一切可以绿化的公路用地,通过人工的管护修剪,基本上达到保护路基、边坡的目的。

306 公路绿化的作用是什么？

公路绿化能稳固路基、保护路面,延长公路使用年限,降低公路养护成本。美化路容、诱导车辆安全行驶。防止污染、减弱噪声、舒适旅行、保护环境,并为国家提供一定数量的木材,同时具有防风、防洪、防涝的功能。

307 公路绿化规划设计原则是什么？

公路绿化通过合理规划设计,使绿化能够满足交通功能需求。改善行车条件,使公路更安全、快捷、舒适,同时也给道路增添绿量,既有观赏性又有游览性。公路绿化由路肩、边坡、边沟,沿途控制红线范围内、道路分车道、安全岛、收费站、服务区组成。在设计上根据立地条件,选择适应品种。通过对乔木、花灌木、草类的合理配植,给人们带来美的享受,形成良好的生态效果。

308 公路绿化栽植苗木的原则是什么?

(1)认真理解设计意图和要求,并能严格按图纸进行施工。

(2)掌握苗木生理习性,做到适树、适地、适时栽植。

(3)服从交通功能需要,公路上不能栽植的地方,一定不能栽树,确保安全行车。

309 什么是道路绿化带?

道路绿化带指道路红线范围内的绿化栽植带,道路绿化带分为分车绿化带、行道树绿化带、路侧绿化带。

(1)分车绿化带指车行道间可以绿化的分隔带,位于上下行机动车道之间的为中间分车绿化带。

城镇道路绿化断面示意图

(2)行道树绿化带指布设在人行道侧方,以栽植行道树为主的绿化带。

城镇道路绿化断面示意图

(3)路侧绿化带指布设在人行道边缘至道路红线之间的绿化带。

公路绿化断面示意图

310 为什么说"公路绿化成活率的关键是品种的适应性"？

公路绿化是在有限的路肩、边坡至控制红线地段栽植。其特点是：施工路线长、土壤结构复杂、筑路垃圾多、干旱、风多、无水源、穿越村镇多、栽植难度大。苗木应选择适应性强，抗旱、耐瘠薄，喜阳，深根性，抗风、抗病虫害能力强的大乔木、花灌木及（地被）多年生草本宿根植物。

花灌木常见品种例如：百日红、火棘、海桐、黄杨、紫荆、木槿、丁香、紫叶风箱果、栀子、紫穗槐、红檵木、小叶女贞、扶芳藤、红瑞木、八角金盘等。

常绿乔木常见品种例如：广玉兰、大叶含笑、枇杷、雪松、金钱松、白皮松、龙柏、大叶女贞、香樟、刺柏、桧柏、云杉、木兰等。

落叶乔木常见品种例如：栾树、银杏、楸树、合欢、三（五）角枫、枫杨、梧桐、重阳木、国槐、辛夷、法桐、马褂木、复叶槭等。

地被多年生草本宿根植物常见品种例如：常春藤、小叶扶芳藤、金银花、红花草、沿

紫荆

阶草、吉祥草、细叶结缕草、白三叶、马蹄筋、高羊茅、春兰、虎眼万年青等。

311 城镇行道、公路路肩栽植苗木如何操作？

根据实地观察，城镇行道、公路路肩栽植的法桐、香樟、栾树、枫杨、梧桐等，在天气炎热、土壤极其干燥时，树体内水分亏缺严重，出现枝条软垂，叶片发黄、发白，落叶现象。原因是土质坚硬，碎石、沙砾石、白灰、大石块等清除不彻底。锅底坑致使根系无法延伸生长，阻碍根系吸收水分、营养，严重影响苗木生长发育。为此必须做到：

（1）扩大栽植坑容量倍数，清除筑路垃圾，备足种植土。

（2）栽植坑回填 1/3 种植土，施少量复合肥，浇灌足底墒水。

（3）按技术要求定干，修剪枝冠，伤口刷涂药物。

（4）栽植采用泥浆沉裂法，筑好保墒护树土。

312 陡坡(高速公路护坡、公路护坡、河道护坡、土假山坡)苗木栽植如何操作?

根据实地观察,大部分坡面绿化返工多次仍然效果差,苗木成活率低,水土流失严重。坡面绿化成败的关键在于施工方法和选择苗木品种。具体操作方法如下:

(1)随坡面排码大草块或从坡底边自下而上挖沟槽密植、深栽草块,然后覆盖碎土厚 2 厘米。栽植结束后架水管雾化,使坡面平稳沉降,两个月或半年后再在坡面栽植乔木、花灌木,成活率高、绿化效果好,水土不流失。

(2)用大草块在坡面堆砌鱼鳞坑,栽植乔木。随后从坡底边自下而上挖沟槽密植、深栽低矮花灌木,同时撒播马蹄筋。栽植结束后架水管雾化,使坡面均匀沉降,不但绿化效果好,水土又不流失。

(3)选择花灌木、草类品种应具备根系发达、分蘖性极强、抗旱、耐寒、不择土壤。花灌木常见品种例如:丁香、红瑞木、丛生白蜡、紫穗槐、南天竹、凤尾柏、地柏、紫叶风箱果、八角金盘等。草类常见品种例如:沿阶草、吉祥草、高羊茅、萱草、常春藤、爬壁藤、地锦、小叶扶芳藤等。

313 公路路肩边坡种植哪种草最适宜?

根据实地观察,养护一线工人每年多次铲除路肩边坡杂草,严重损害路基稳定性。建议路肩边坡种植多年生宿根草类品种,例如:细叶结缕草、马蹄筋、白三叶、红花酢浆草、常春藤等。既美化了路容路貌,又起到稳固路基的作用,降低公路养护成本。

314 提高公路栽植苗木成活率应做到哪些?

(1)有计划地适时、适地、适树分期分批栽植。

(2)严格按技术要求整地、挖坑,凡立地条件不适宜的应更换种植土。

(3)苗木从外地调运,必须派专人严把品种、规格、病虫害检疫关。

(4)起挖苗木按技术要求操作,凡裸根苗木根幅规格小、劈裂,带土球苗木土球小、破损、散球、假土球,视为不合格苗木。

(5)苗木装车前按技术要求定干、短截、修剪枝冠(杜绝苗木栽植后再短截、修剪枝冠),伤口刷涂药物,减少树体水分、营养流失。

(6)按技术要求装车,车体包装严实。途中做到苗木不失水、不发热、不冻伤。

（7）严格按技术要求栽植，栽植坑提前浇灌底墒水。半月后查看墒情再酌情浇灌透水。

（8）在干旱缺水季节，根部可采取锯末、稻麦糠、塑料薄膜覆盖。采取草绳缠绕树干注水保湿，枝冠喷洒药物——蒸腾抑制剂。

（9）对较大的常绿树栽植后应搭支撑、架拉线。

（10）做好冬季防寒，采取树干缠绕草绳包塑料薄膜、刷涂白剂，枝冠刷喷或根部浇灌药物——防冻剂。

315　什么是公路绿化成活率合格路段？

根据有关资料，公路绿化成活率平原地区在 90% 以上，山区成活率在 85% 以上，寒冷、草原、沙漠、盐碱、干旱地区成活率在 75% 以上为合格路段。

316　公路绿化管护内容是什么？

公路绿化管护内容有：栽植后死亡补栽、浇灌水、松土除草、施肥、修剪、病虫害防治和经常性管护、清除绿地堆积物，禁止机械和人畜损伤、盗伐，确保苗木正常生长。

317　公路路肩树、城镇行道树刷涂白剂的作用是什么？

（1）树木刷涂白剂可防治病虫害，杀死树干皮层缝隙里的越冬虫卵和病菌，防止茎腐病发生。

（2）树木刷涂白剂能反射阳光，减少日灼病危害。

（3）树木刷涂白剂能防止因温度剧变而造成冻害及早春霜害。

（4）树木刷涂白剂能堵塞树干皮层气孔，防止水分蒸发。

（5）路肩树刷涂白剂能诱导车辆安全行驶，美化公路及城镇路容路貌。

318　如何配制涂白剂，如何使用？

涂白剂配合量：水 10 份、生石灰 3 份、石硫合剂 0.5 份、食盐 0.5 份、植物油少许。配制时先溶化生石灰，然后把植物油倒入充分搅拌，再加水搅拌成石灰乳，随后放入石硫合剂及食盐即可，也可以适当加些黏着剂，延长涂白效果。若没有石硫合剂，可用等量的硫黄粉代替。

涂白剂使用方法：秋末树木落叶后至土壤结冻前或早春树木发芽前刷涂白剂各一次。用毛刷沾涂白剂均匀地刷涂在树干上，刷涂高度越高越好。切记不要往嫩枝上刷涂，以免损坏嫩芽。刷涂白剂主要针对果树和不耐寒的树种。

319 修剪路肩树、城镇行道树的作用是什么？

（1）合理修剪：修剪是调节树木营养分配的一种手段。适时适量修剪能保持树体水分、营养代谢平衡，减少水分蒸发，提高苗木栽植成活率。

（2）优美树形：对一些有特定要求的树木——楸树，通过修剪达到观赏所需要的造型。使树木主侧枝分布均匀、主从关系合理、外形整齐美观、通风透光，有利于树木生长发育和延长花期。

（3）调解矛盾：对遮挡公路上的交通标志和城镇商业门头标牌、影响视距的枝条，以及防碍行车的下垂枝和距电线较近的枝条，都要及时剪除，确保行车安全。

楸树

（4）减少伤害：剪除生长位置不适当的密生枝、徒长枝，减轻树冠重量。树冠大小要适宜，避免枝条相互摩擦损伤。

（5）减少病虫害：剪除病枝、枯枝、虫卵枝，可抑制病虫害蔓延和发展。

（6）灌木修剪：秋末进行割砍以利分蘖。灌木色块、色带、绿篱、花卉、草坪修剪，防止徒长，保持平整及叶花鲜艳，提高观赏效果。

320 修剪路肩树、城镇行道树的原则是什么？

（1）修剪路肩树，不遮挡路标和行车视线。修剪城镇行道树，不遮挡商业门头标牌，满足交通运输、商业门面遮阴要求。路肩树、行道树必须保证定干高度（地迹至分枝点）分别 360—380—400—420 厘米为宜。

（2）根据苗木生长习性，顶芽生长特别旺盛的树种，修剪时必须保留主头，培养合轴主干型。无明显主干的树种培养成圆球形、丛状形。

（3）特别是新栽苗木当年萌发的枝条，不修剪、不抹芽，以免影响长势。成年树应采取综合修剪均衡树姿，对幼树宜弱剪，衰老树以强剪为主，达到更新复壮的目的。

321 修剪路肩树、城镇行道树什么时间为宜？

一般要求在冬季和春季之间进行修剪。冬季在土壤结冻前修剪，春季在树液未开始流动前或萌芽前修剪。抗寒能力差的树种最好春季萌芽后修剪,以免伤口受冻害。伤流旺盛的树种修剪不可过晚,最好是秋末落叶后进行修剪。伤流旺盛的品种例如:复叶槭、法桐、梧桐、楸树、马褂木、泡桐、柳树、葡萄、核桃、无花果、枸树等。

322 修剪路肩树、城镇行道树如何操作?

根据公路对路肩树、城镇行道树的功能要求,对影响安全行车视线,遮挡路标、商业门头标牌的枝条及时剪除。其他多采用自然树形,树干高度一般控制在 360～420 厘米,树干高与树冠的比例通常为 1∶2。根部分蘖枝条及树干上的多余枝杈,应及时修剪。松柏树一般不修剪,但病枝、衰老枝、枯枝、下垂枝要剪除。

323 如何修剪公路、城镇栽植的花灌木?

根据花灌木对公路、城镇的功能要求,具体修剪方法如下:

(1)对先开花后生叶的品种,应在春季花枯萎后修剪,保持理想树形。花灌木常见品种例如:海棠、紫荆、碧桃、榆叶梅、红梅、绿梅等。

(2)对成拱形枝的品种,花后将老枝重剪,促发新枝,次年多开花。花灌木常见品种例如:连翘、迎春、金银花、爬藤月季、刺梅、枸杞等。

(3)对当年开花的品种,应在冬季或初春重剪,促萌发壮枝、多开花,颜色鲜艳。花灌木常见品种例如:木槿、日本海棠、百日红、夏腊梅、贴梗海棠等。

(4)在生长季节不断开花的品种,除在冬、春二季重剪外,应在花后随时修剪,促使不定芽早长新梢、再次开花。花灌木常见品种例如:月季、红王子锦带、三角梅等。

红瑞木图

(5)丛灌木秋末重剪(割砍),促使分蘖萌发更多壮枝。花灌木常见品种例如:白蜡条、紫穗槐、红瑞木、紫叶风箱果、雪柳等。

324 如何修剪公路、城镇栽植的绿篱?

绿篱是密集的株距、行距维持一定形态的延长栽植形式,需修剪控制高度和宽度。公路、城镇栽植的绿篱高度,应控制在 50～70 厘米,根据美化效果的要求,修剪绿篱常见形状例如:矩形、拱形、梯形、波浪形、坡面形等。一年修剪两次分别在春末夏初、秋末冬初进行,要求修剪的绿篱美观大方。

园林绿化 300 问

第九章

单位绿化工程一般要求

325 工厂、矿区绿化有什么要求?

企业绿化是创建园林城镇的重要组成部分。根据单位性质及生产实际,有针对性地选择乔木、灌木、花卉、草类合理配植,形成春有花、夏有荫、秋有果、冬有绿,工厂建在花园里的景观效果。它不仅美化厂容厂貌,而且树木具有调节小气候、吸热、遮阴、增加空气湿度、吸收有害气体、阻滞尘埃、降低噪声等功能。给广大职工创造一个优美、舒适的劳动环境,振奋精神,提高劳动效率,对创造良好的企业形象有着极其重要的意义。

326 行政办公区绿化有什么要求?

办公区绿化的目的是创造一个清新、安静、优美的工作环境。绿化要求做到朴实大方、简洁明快、美观舒适。要适地、适树、适时栽植。做到"乔木、灌木、花卉、草类"合理配植,达到四季常青、四季有花、四季有果、黄土不见天的生态景观效果。

327 学校绿化有什么要求?

校园绿化是城镇生态建设的重要组成部分,它是一所学校风格、面貌的具体体现,蕴含着丰富的文化内涵。黄连木(又名楷树)树干挺拔、枝叶繁茂,自古以来就是尊师重教的象征,不仅寓意孔子品德高尚,还寓意教师受人尊重。栽植常绿乔木、高干花灌木,例如:广玉兰、香樟、大叶含笑、枇杷、大叶女贞、石楠、法青、木兰树等品种。全面绿化能够防暑降温、防风降尘、减弱噪声、净化空气、美化环境,为师生创造一个空气清新、环境优美,更加安静、舒适、健康的学习环境,

枇杷树

进一步激发师生热爱祖国、热爱校园的思想感情,从而提高教学质量及工作学习效率。

328 医院绿化有什么要求?

医院绿化一方面创造安静的休养和治疗环境,另一方面也是卫生防护隔离带,对改善医院小气候有着良好的作用。树木具有蒸腾水分、吸热、遮阴和提高空气湿度的作用,还有降尘(粉尘、烟尘、灰尘)、减弱风速、隔噪声、吸收

有害气体、杀死病菌等功能。它既美化了环境,也改善了卫生条件,使病人在接受药物治疗外,还可以感受到绿色是最文明的色彩,保持身心愉悦,有利于病人早日康复。苗木品种上尽可能选择具有抗污染、净化空气、杀死病菌的树种,常见品种例如:松柏、香樟、桉树等。避免栽植有针刺、有毒、有绒毛飞扬、有恶臭味、污染环境的品种。

329 居民区绿化有什么要求?

居民区绿化是城镇生态建设最重要的组成部分。居民区绿化利用苗木花卉配植出春花烂漫、夏荫浓郁、秋果绚丽、冬景苍翠,既有统一又有变化、既有节奏又有韵味的生活空间。禁止栽植有针刺、有毒、有绒毛飞扬、污染环境的树种。对改善居住区小气候和卫生条件及居民的身心健康有着不可估量的影响。让人们茶余饭后,休闲娱乐在绿树成荫、花繁叶茂、富有生机、优美舒适的环境之中,使居民具有亲切、自然、洁净的感受。

330 营区绿化有什么要求?

营区绿化是创建园林城市建设的一个重要组成部分。从客观上讲是满足官兵不断增长的物质文明和精神文明的需求,也是国家综合实力的体现。绿化要做到朴实大方、层次分明、整齐统一。在苗木配植上采用常绿"乔木、花灌木、草类"三结合,错落有致,组团栽植松、竹、梅充满生机活力,雪松、水杉树姿优美、气势雄伟,让营区焕然一新。绿色象征和平,唤起希望,为广大官兵工作、学习、生活创造一个优美、洁净、清新、舒适的环境。

331 广场绿化有什么要求?

广场绿化是构建和谐城镇两个精神文明建设的重要载体,它是一个城镇经济实力的体现,更有利于弘扬地域传统文化。根据地形地貌,结合周围环境,绿化应做到树姿高大、层次分明、简洁明快。选择苗木品种要寓意昌盛吉祥、国富民强。栽植做到丛植、孤植、群植,花灌木归类片植或点缀,呈现回归自然的野趣。草坪栽植多年生地被宿根冷型草,草类具备致密、弹性好、耐践踏、恢复能力强等特性。再在草坪中任意点缀多年生草本宿根花卉,致力于打造成休闲、娱乐、健身的最佳场所,成为"近者悦,远者来"的亮丽风景线。

332 庭院绿化有什么要求?

庭院绿化彰显成员素质,是建设和谐家庭的重要标志。绿化要层次分明、简洁大方。苗木品种配植做到"四季常绿、四季有花、四季有果"。选择树种寓意"天长地久、花开富贵"。乔木品种例如：香樟、罗汉松、银杏、重阳木、无患子、金钱松、金钱榆、白椿、国槐、石榴、柿树、枳壳树、枣树。花灌木品种例如：桂花、海棠、茶梅、牡丹、芍药、红枫、青竹。水生植物品种例如：荷花、冬荷、香水莲、碗莲。草类品种例如：吉祥草、萱草、沿阶草。拥有一个身心愉悦的居住环境，正所谓"喜居宝地千年旺，绿映家门万事兴"。

333 如何在住宅区多留停车位又增加绿量？

根据实地观察，许多居民区车辆占道拥挤。为停车将绿篱、花灌木、草坪碾压毁掉，行道树损坏严重。为此建议：居民区道路不安砌路侧石（道牙），适当放大行道树株距，使车辆无障碍出入停车位。行道树栽植常绿大乔木，根部周围栽植攀附苗木，例如：常春藤、地锦、凌霄、爬壁藤等，吸附树干向上生长。还可以在根部栽植彩叶苗木，例如：红叶石楠、北海道黄杨、扶芳藤、黄杨、小叶女贞、金森女贞、法青等。修剪控制成圆柱形、矩形向上生长，既方便了停车又增加了绿量。

另据实地观察，99%的公共场所界定的停车位（小车）是裸地，夏季车辆暴晒在酷暑高温下，司乘人员苦不堪言。建议理性规划停车位，栽植大乔木如无球法桐、辛夷、广玉兰等，起到遮阴乘凉效果。花灌木栽植夹竹桃、法青、北海道黄杨，作车辆隔断墙。地面铺砌嵌草砖，栽植天鹅绒草变成绿地。乔木、花灌木是警示标杆，规范车辆文明出入停车位。这样既改变了生态环境，又增加了绿量。

334 园林绿化常用的乔木、灌木、花卉、草类品种有哪些？

在规划设计时一定要熟悉乔木、灌木、花卉、草类生理习性，色彩、自身形态变化与周围环境紧密结合。例如：银杏属落叶大乔木，高可达40米，而且有数千年古树之称，树姿雄伟、端庄，夏季叶色浓绿、秋季叶色金黄极为秀丽。园林绿化中用于行道、公园、广场、寺庙等处。再如：金钱松树形优美、秋叶金黄，为世界著名五大园林树种之一。园林绿化中可作列植、孤植、群植，与雪松等常绿苗木配植在一处，入秋黄绿映衬极为美丽。又如：栾树树冠开张，嫩叶紫红，黄花满树，蒴果累累，久挂枝头，与合欢树配植，夏花黄红相衬，形成优美的景观。乔木配植要错落有致、归类组团。花灌木、草本花卉自然点缀，达到步移景异、景伴情动的效果。

（1）常绿乔木品种，例如：香樟、广玉兰、枇杷、大叶女贞、大叶含笑、榕树、金合欢、枳壳、宫灯、棕榈、雪松、白皮松、火炬松、黑松、桧柏、蜀桧、龙柏、云杉、木兰等。

（2）常绿花灌木品种，例如：桂花、法青、石楠、椤木石楠、枸骨、火棘、海桐、十大功劳、扶芳藤、大叶黄杨、北海道黄杨、小叶女贞、金森女贞、金叶女贞、六月雪、夹竹桃、红檵木、八角金盘、栀子、粗榧、蚊母、翠兰松、五针松、罗汉松、毛旦松、刺柏、地柏、凤尾柏、洒金柏、南天竹、紫竹、青竹、黄金竹、箬竹、慈竹、佛肚竹等。

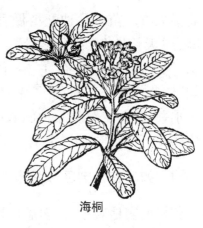

海桐

（3）常绿攀附藤本品种，例如：常春藤、扶芳藤、爬壁藤、红花金银花等。

（4）落叶花灌木品种，例如：紫黄白玉兰、红栌、鸡爪槭、紫薇、紫叶李、红叶桃、日本樱花、紫叶矮樱、紫穗槐、红花木槿、柽柳、紫荆、红瑞木、红枫、紫叶早檗、红绿梅、蜡梅、牡丹石榴、连翘、牡丹、迎春、月季、海棠、红王子锦带、雪柳、丁香、紫叶风箱果、木芙蓉、橘子、杨梅、樱桃、三角梅、无花果、梅花等。

（5）落叶攀附藤本品种，例如：凌霄、紫藤、葡萄、金银花等。

（6）落叶乔木品种，例如：江南红花槐、柳树、杨树、乌桕、合欢、银杏、辛夷、栾树、国槐、刺槐、白蜡、重阳木、梧桐、丝棉木、七叶树、法桐、三（五）角枫、枫杨、紫玉兰、海棠、无患子、柿树、枣树、马褂木、竹节槭、美国红枫、水杉等。

国槐

（7）暖地型（地被）多年生草本宿根植物品种，例如：马蹄筋、过路黄、紫叶酢浆草、结缕草、天鹅绒、矮状大丽花、小丽花、矮状美人蕉、萱草、金鸡菊、唐菖蒲、鸢尾、芍药、蝴蝶兰等。

（8）冷地型（地被）多年生草本宿根植物品种，例如：沿阶草、吉祥草、虎耳草、白三叶、匍匐剪股颖、黑麦草、早熟禾、高羊茅等。

园林绿化 300 问

第十章

药物使用知识

移植苗木的药物养护品:伤口涂补剂、虫胶漆、石蜡是苗木的保健箱,蒸腾抑制剂、冻必施、神奇冻水是苗木的保护伞,活力素、核能素、施它活、树动力、根腐灵、生根剂、生长激素、杀菌催长剂是苗木的营养液。

335　蒸腾抑制剂的作用是什么?

移植苗木过程中尽管要求即挖、即运、即栽。运输时虽控制车速,但苗木的根系、枝叶一路颠簸晃动,风吹日晒,水分蒸发,可想而知,栽植后水分失衡影响成活在所难免。使用药物——蒸腾抑制剂(又名腐殖酸铵),喷洒树干、枝叶,能有效地抑制苗木运输和栽植过程水分蒸发,促进气孔关闭和延缓树体新陈代谢。可减少树体水分消耗、保持水分平衡。更适用高温季节、干旱条件下移植苗木,减少蒸腾量、防止失水,提高苗木移植成活率。

336　伤口涂补剂(虫胶漆、石蜡)的作用是什么?

移植苗木过程及平时养护管理中,苗木移植截干、锯枝、根系残损劈裂、日常管理修剪干枝损伤面处理很重要。使用药物——涂补剂刷涂伤面,能够迅速形成保护膜制止伤流,以防雨水侵蚀,杜绝病菌侵染或寄生,促进愈合组织的再生能力,使伤口快速愈合,对提高苗木移植成活率起很大作用。

337　活力素树干注入液(核能素、树动力、施它活)的作用是什么?

移植苗木过程中,为了维持树体水分与蒸腾量平衡,要及时补充营养药物——活力素,激活苗木细胞活性组织,增强树势的恢复能力,促进生新根萌新芽,提高苗木移植成活率。

338　土壤消毒杀菌剂(溴甲烷、百菌清、消毒灵、菌虫清)的作用是什么?

种植土要具备疏松、透气、酸碱度适中等条件,污染土、建筑生活垃圾和土质差一定要用药物——土壤消毒杀菌剂杀灭土壤中多种病细菌,能有效地防止病菌侵染根系,提高苗木移植成活率。

339　根腐灵的作用是什么?

苗木移植过程中若发现根腐病、枯萎病、立枯病等症状,将药物——根腐灵喷洒在根系断面、劈裂、残损面上。在苗木定位时边回填土,边浇灌水,边喷洒药物。苗木生长过程中,在根部外围开环沟,浇灌药物3～4次根治疾病,提高苗木移植成活率。

340 生根剂(生根宝、活力素、根动力)的作用是什么？

带土球苗木、裸根苗木移植时(断根、劈裂、残损根)喷洒药物——生根剂,诱导产生促根活性因子,加快根源基的形成,促进快速生新根萌新芽,提高苗木移植成活率。

341 冻必施(神奇冻水)的作用是什么？

冻害是树体组织内结冰,使原生质凝固,造成苗木严重脱水死亡。当年移植的苗木抗寒能力弱,枝条没有充分木质化,含水量高容易受冻害。入冬前对树干及主枝刷涂药物——冻必施,也可以喷洒树冠(重点幼嫩枝)、浇灌根部。另外,白糖水喷洒树体,同样起到防寒、防霜冻的效果,提高苗木移植成活率。

342 多效唑(又名矮化剂、矮壮素)的作用是什么？

多效唑抑制苗木纵向旺长,促进横向生长,控制树形,提高苗木质量。另外,多效唑延缓草坪草生长速度,减少修剪次数、促进分蘖、增强抗病能力、延长绿期,提高草坪实用性和观赏性。另外,用1%的维生素 B9 喷施草本花卉,控制高度健壮生长。

343 生长激素在移植苗木中如何应用？

生长激素能促进苗木生长、提高光合作用强度,增加开花数量和坐果率。在苗木移植中用生长激素喷洒土球、裸根、回填土,能快速生根,提高苗木成活率。使用浓度、方法如下表所示:

激素种类	浓度(稀释倍数)	方法	作用
赤霉素	500	喷洒	促生根、快生长
2,4 - D	500	喷洒	促生根、快生长
α 萘乙酸	400	喷洒	促生根、快生长
吲哚丁酸	400	喷洒	促生根、快生长
三十烷醇	400	喷洒	促生根、快生长

344 防治苗木病虫害的常用药物如何配制？

苗木在生长发育过程中,如果外界条件不适或遭受其他生物的侵染,会经常出现病虫害,苗木正常生长受到危害,严重时会引起整株死亡。这些都是造成苗木损失的重要原因,因此重视和加强病虫害防治尤为重要。现介绍两种常用、简单、易操作的药物配制及使用方法:

(1)石灰硫黄合剂(简称"石硫合剂")的作用:对杀死介壳虫、飞虱、盾介虫等效果尤为明显,并有杀除病害炭疽病、树脂病、白粉病的功效。

石硫合剂配合量:生石灰 5 份、硫黄粉 10 份、水 40 份。

石硫合剂配制方法:先将适量水倒入锅中煮沸。将生石灰和硫磺粉加少量水充分溶化(滤去石灰渣子)。同时慢慢地倒入锅里,随倒随搅拌并不断加水,使锅中水一直保持应用量,煮沸 1~2 小时,呈暗褐色原液。

石硫合剂使用方法:秋末至早春苗木落叶期间将原液稀释 14 倍,春季苗木发芽后将原液稀释 100 倍均匀喷洒。

(2)波尔多液的作用:对苗木的锈病、白粉病、露菌病、炭疽病、软腐病、褐斑病的防治有良好功效,尤其发病前喷洒 1~3 次预防效果更佳。

波尔多液配合量:硫酸铜 1 份、生石灰 1 份、水 100 份。

波尔多液配制方法:取硫酸铜研成粉和生石灰分别倒入 2 个容器内,用水溶化(滤去石灰渣子)。再将硫酸铜液和石灰液同时倒入另一个大容器内,随倒随搅拌,充分溶合呈透明蓝色原液。

波尔多液使用方法:从 4 月中旬苗木叶片展开后进行喷施。将原液稀释 30~50 倍均匀喷洒,每半个月喷施一次至 8 月上旬,可大大减少病害。

(3)苗木(果树)秋末初冬时,在苗木地颈周围、适当位置挖环沟,掩埋少量的黑矾。次年春季随着气温(地温)升高、降雨量增多,可以减少苗木病虫害发生。

(4)大力提倡生物防治害虫,即"以虫治虫"。例如:七星瓢虫、异色瓢虫、黄斑盘瓢虫(又名布郎鼓)、草青蛉虫等是红蜘蛛、蚜虫的天敌。螳螂(昆虫)是食叶害虫的天敌。另外,青蛙(俗称田鸡、蛤蟆)捕食昆虫对农林业有益,要加以保护。

(5)物理法诱杀害虫。根据害虫特有的趋光习性,例如:使用杀虫灯、挂黄板、防虫网等,操作简单,成本较低,不污染环境,是一种有效诱杀害虫的方法。

结　语

实践见证了作者积累多年的移植苗木方法是成功的,移植 20 个月苗木生长量是他人栽植苗木生长量的 2~3 倍,例如:栽植一年的大香樟萌生的树冠生长量是其他的 3 倍。无论栽植大小规格苗木,无缓苗期,继续生长。这种栽植方法得到同行的称赞和借鉴。下面向读者介绍近期四个实例供鉴赏:

(1)2014 年 3 月,河南省叶县廉村乡黄谷李村苗圃业主张庆辉先后从河南省鄢陵县大马营乡、叶县任店镇购回大叶女贞树,地径 1.5~2 厘米、数量 3 200 株,无球法桐树地径 1~1.5 厘米、数量 3 700 株。同年 5 月从湖北省咸宁市购回截干香樟树,胸径 10~13 厘米、数量 1 130 株。作者现场讲解苗木生长习性,采用"大坑反锅底阳垄方法"栽植。经过两冬两夏精心养护,大叶女贞、无球法桐树成活率 100%,香樟树成活率 99%,树干粗细、高矮、冠幅长势一致,叶色翠绿,令人点赞。苗木经过 19 个月生长,大叶女贞树生长量干径 3.8~4.6厘米,无球法桐树生长量干径 6.7~7.5 厘米,香樟树生长期 17 个月萌生树冠(幅)直径 200~260 厘米。

(2)2014 年 4 月,河南省叶县廉村乡刘宋庄村苗圃业主李国云从湖北省咸宁市桂花镇购回高干桂花树,干径 8~12 厘米、数量 847 株。作者当众言传身教,采用"大坑反锅底方法"栽植。经过二夏一冬的用心管理,桂花树长势茂盛、叶色浓绿,成活率 100%。

(3)2014 年 12 月,河南省叶县任店镇前营村苗圃业主黄子明先后从河南省开封市、叶县购回无球法桐树,胸径 5~6 厘米、数量 743 株,干径 3~4 厘米、数量 729 株,地径 1~1.5 厘米、数量 1 546 株。2015 年 5 月又从四川省都江堰市购回高干桂花树,胸径 9~18 厘米、数量 122 株。作者当众讲解无球法桐树、桂花树生长习性,采用"大坑反锅底阳垄方法"栽植。由于精心管理,苗木度过炎热酷暑,生长旺盛,成活率 100%。林下种植的莴瓜、冬瓜喜获大丰收。

(4)2015 年 2~5 月,河南省平顶山市鹰皇高档住宅小区绿化业主于小于先后从河南省舞钢市、山东省平邑县、河北省怀来县海棠镇购回高干紫薇,胸径 12~16 厘米、数量 26 株。购回大规格柿树、油桃、杏树、木瓜、樱桃、山楂、石榴、枣树、八棱海棠,干径 18~48 厘米、数量 58 株。又从四川省灌县、湖北省荆门市购回高干桂花树,胸径 14～24 厘米、数量 38 株。购回实生下山大香樟树,胸径 30～48 厘米、数量 41 株(注:短截骨干枝、主侧根伤残面直径 16～28 厘米)。栽植场地屋顶(地下大型车库)。作者针对回填土层薄、不渗水的特点,采用"大坑反锅底泥浆沉裂方法"栽植,现场严把操作程序质量关,逐棵检查,跟踪落实。由于日常细心管理,紫薇当年全部萌发新枝条,生长量 200 厘米以上,花开锦簇,胜似花环。58 株果树枝繁叶茂、棵棵挂果。38 株桂花树经过重剪全部成活,叶色浓绿光亮。41 株香樟树由于技术措施到位,经过炎热炎夏的考验,出乎意料成活率达 97%。萌生枝冠(幅)直径 260 厘米以上,让业内人士赞不绝口。跨越五省 163 株大树分品种"组团栽植",立竿见影的绿化效果得到业主和群众的好评。

　　上述实例让作者体会到"只有专注才有专业",与传统的苗木培育、移植、管理方法有十项区别:

　　(1)苗木栽植坑。提倡挖大坑反锅底,防止浇灌水、降雨积水、苗木沤根,土壤温度、含水量适中,满足苗木生长需求。

　　(2)苗木栽植前,提倡坑内先回填种植土、施肥、浇灌底墒水,提供充足的肥力和底墒,满足苗木生长需求。

　　(3)苗木栽植时,回填土(保墒护树土)不踏实、不捣实、不夯实,严格控制浇灌水量。避免造成稀泥浆,提高土壤温度,疏松透气,有利于苗木生新根、发新芽。

　　(4)苗木定植后,筑保墒护树土,预防刮风苗木晃动,稳固树体,保墒、透气,降雨不积水,有利于苗木生长发育。

　　(5)苗木栽植时,杜绝盲目浇灌透水,更不能 10 天内浇灌 3 次透水,使根系泡在低温泥浆里,缺氧,造成苗木死亡。带土球苗木操作方法:苗木定植二天后覆盖保墒护树土,若干天后再在保墒护树土外围筑水圈,浇灌渗透土球水。裸根操作方法:苗木定植一天后,覆盖保墒护树土,5～7 天后再在保墒护树土外围筑水圈,浇灌渗透水,使根系与土壤紧密结合,促使苗木继续生长。

　　(6)栽植胸径 15～50 厘米截干、半冠、一二年萌生的全冠带土球大树,根据原立地条件,掌握树体重心,严谨按规程操作,不搭支撑、不架拉线(风口、旷野例外)。这样做降低养护成本。

　　(7)苗圃地培育乔木主干上轮生枝不修剪,移植苗木成活后树干萌生的枝条不修剪,充分发挥枝叶的蒸腾、光合作用,促使苗木快速生长。

　　(8)苗木栽植地(苗圃)夏季不易除(锄)杂草,以免损伤苗木二三级根、毛细根。杂草具有固土保墒、疏松透气、减少虫害的作用,适宜苗木快速生长。

（9）工程绿化苗木适合高栽，苗圃地培育苗木根据土壤质地，适宜阳垄（高埂）浅栽，提高冬、春二季土壤温度，促进苗木继续生长。

（10）苗圃地漫灌水，改垄沟浇灌水。缓解深井水与土壤温差，垄面不板结、疏松透气，适应苗木快速生长。

上述十项措施与同行培育、移植、养护的方法不同，但这十项措施确实可行。要废除传统、习惯性、不合理的移植方法和管理模式，大力提倡新思维、新观念、新方法，理性移植苗木成活率 100%。无缓苗期继续生长，既提升了生态景观效果，又节约了资金投入。

《园林绿化知识 300 问》评审意见

2015 年 11 月 20 日,河南省林业厅科技处组织相关专家,对《园林绿化 300 问》一书进行了评审,专家组在审阅资料,质疑答辩的基础上,经过讨论,形成如下意见:

一、该书是编著者现代林业理念和多年生产实践经验结合编写而成的。

二、该书以问答形式对 300 多个园林绿化技术和管理方面的问题进行剖析,内容丰富,在问题回答和实际操作技术方面有独到见解和创新,具有一定的实用性。

三、该书图文并茂,通俗易懂,对城镇居民和园林工作者具有一定的参考价值。

综上所述,专家组一致认为可以出版发行。

建议:对内容进一步修改,达到出版要求。

专家签名

2015 年 11 月 20 日